日本のビールは世界一うまい！——酒場で語れる麦酒の話

酒局下半，誰終將勝出？

帶你深入了解麒麟、朝日、札幌、三得利
四大天王的啤酒爭霸戰國時代

永井隆 著
張秀慧 譯

前言

日本的啤酒應該可以說是「世界第一」吧！

啤酒的消費量超過日本酒，而這是在經濟開始快速成長的昭和三十五年。這是因為，不管是在超市的酒類區或酒館吧檯，現在隨時都能購買到高品質的啤酒。

啤酒、氣泡酒、新流派（或是第三啤酒。二〇二三年後此用法就改為氣泡酒）的啤酒類飲料的消費量，占整體酒類消費量的六成以上（基本數量）。

為何啤酒會如此受到日本人的喜愛呢？那是因為對以米為主食的日本人來說，穀物發酵酒的啤酒跟稻米非常地搭。不論是作為餐前酒，還是跟餐點一起品嚐的佐餐酒，都確立了啤酒具代表性的地位。以高溫潮溼的日本氣候與自然特徵來看，帶有氣泡且低酒精含量的啤酒，尤其能替炎熱的夏天帶來清涼暢快感。同樣也屬於釀造酒的日本酒及葡萄酒，既沒有氣泡，而且跟啤酒的四．五到六％酒精含量相比，日本酒大概是一五％左右，而葡萄酒則是一二％左右。

大多數的日本人屬於黃種人，而黃種人體內分解酒精的酵素，其實要比其他人種少了一種。也就是說，不太能喝酒。因此，會比較喜歡低酒精含量的飲料（但因人而異）。

提到日本的啤酒，不論是由哪一個工廠釀造，都能夠做出同樣品質的產品，從全世界來看，日本啤酒廠的製作過程可以說相當的謹慎。換言之，品質非常的高。世界上，有些公司是採用把發酵桶，以及熟成（儲存）桶合而為一的單桶方式來釀造的，主要是以效率及成本為優先考量。但日本四大啤酒公司的工廠，都是採用需要花費相當時間的雙桶方式。比起效率，更加重視品質。

另外，包括氣泡酒及新流派在內，不斷會有新產品上市的，大概就只有日本市場吧。其背後原因在於，競爭激烈的市場。而這對我們消費者而言，每年都能品嚐到新產品是令人期待的。只是對廠商來說，就不只如此了，提升銷售力，開發新的釀造技術，改善負責生產的工廠環境也跟商品的推陳出新有關。另一方面，過度的市占率競爭會造成多餘的消耗，讓廠商感到疲憊。

只不過，最近出現了「年輕人越來越不愛啤酒」的聲音。啤酒市場在一九九四年達到最高峰，之後市場便逐漸萎縮。主要原因還是出在像是少子高齡化，再者是人口減少以及國內市場本身的萎縮等，產業結構上的問題。

更進一步的探討萎縮的原因，應該就是代表水果氣泡調酒（CHU-HI）的 RTD

（Ready to Drink，拉開拉環就可直接飲用的酒精飲料）市場的擴張吧。RTD 跟啤酒一樣，都是可以當作餐前酒或是佐餐酒的氣泡性低酒精飲料。

詳細內容就留在後面介紹，而如果從稅制來看，相較於啤酒系飲料，RTD 是居於優勢的。從二〇二三年十月，然後會持續到二〇二六年十月的稅制修正，RTD 的稅額設定也比啤酒系飲料低。除此之外，包括葡萄酒在內，以威士忌為基底，加上碳酸飲料做成的威士忌蘇打調酒（Highball）等，作為佐餐酒也受到相當的歡迎。

因酒款變得更加多樣化，已不是過去那個「先來杯啤酒吧」的環境了。但有趣的是，最先創造 RTD 快速成長機會的是麒麟啤酒，而引起威士忌蘇打調酒熱潮的是三得利。

為什麼有些年輕人會不喜歡啤酒呢，是因為「啤酒有苦味」（啤酒公司的負責人）。不過，一旦克服了苦味就會喜歡上的（但通常很難克服）。雖然沒辦法喝很多甜酒，但苦的酒卻能夠喝不少。

在某些狀況下，苦味確實像是一把雙面刃。在戰後，啤酒消費量增加的主要原因，應該就是啤酒花所帶來的優質苦味吧！

即使消費量減少，啤酒仍然能帶給人們勇氣與活力。每一個品牌都有主題，也都有故事。不論是獨飲，或者是跟大家一起歡樂暢飲，總是少不了啤酒吧。職業棒球隊在獲勝之後，會互相「淋啤酒」慶祝。別說那只不過是啤酒而已，啤酒是一個能帶來力量的好友。絕對不會背叛的。

堪稱世界第一的日本啤酒，究竟有著什麼樣的歷史背景呢？

另外，一九四九年的大日本麥酒公司分割前，是以大日本麥酒及麒麟麥酒來標示的，而在那之後，就以朝日啤酒、麒麟啤酒、札幌啤酒來標示。然後本書提到的人物皆省略敬稱。接下來，來一趟啤酒的歷史之旅吧！

CONTENTS

前言　003

01

日本「麥酒」的起源　011

啤酒公司的誕生／春谷啤酒廠／掠取者聚集的財閥重鎮／麒麟啤酒開始販售／澀谷啤酒與三鱗啤酒／在東京受到歡迎的櫻田啤酒及淺田啤酒／開拓使麥酒製造所的拉格啤酒／日本現存最古老的啤酒品牌／大阪麥酒／日本近代啤酒之父／近代啤酒的釀造技術／明治時期的四大品牌／引進啤酒稅／啤酒帝國的天下——「大日本麥酒」／拒絕吸收合併的麒麟麥酒／政府加強管制

02
戰後的四大啤酒公司
049
大日本麥酒的解體／從管制到自由競爭／端上平民餐桌的啤酒／麒麟啤酒成長的背景／朝日與 Nikka 威士忌／鳥井與竹鶴／鳥井的啤酒事業／那時的青年／祕密計畫／去試看看吧／朝日社長都出身銀行家的原因是？／朝日的裁員／離開是地獄，留下也是地獄／只要員工幸福就好／邁向復活的助跑

03
開創獨特性，人氣商品的誕生！
089
阻擋在麒麟前面的獨佔禁止法高牆／拉格的繳納調整／長銷款的強處／優勢帶來負面影響／勇猛善戰的朝日業務員／與困境中成長的人共事／洋酒和啤酒的銷售差異／一九六九年的生啤酒爭論／目標是市占率百分之十／朝日賣給三得

利？／阪神勝利！／年輕愛好者追求的清爽啤酒／三得利「MALT'S」、麒麟「HEARTLAND」／札幌「Edelpils」／三得利的PREMIUM路線

04

啤酒市場的轉折點

123
朝日啤酒的樋口社長／代號「FX」／釀造啤酒的四階段／一九八七年的事業方針說明會／意外吸引新客群的SUPER DRY／SUPER DRY風潮／指名購買SUPER DRY／市場擴大帶來的新商品／轉變期的暢銷商品／辛口之戰／勝券在握的朝日／設備投資的成功

05
以量致勝的時代已經結束
153
麒麟啤酒的全新品牌／「一番搾」的舞台背後／改變市占率的計算方法／力爭市占率的場外亂鬥／接連替換高層的麒麟、朝日／投資失敗／酒類銷售自由化的浪潮／消費行動的變化及氣泡酒「HOP'S」／一九九四年的轉折點／稅務局計畫提高氣泡酒的稅／三得利「SUPER HOP'S」的密謀／麒麟與朝日的情報戰／開 Wagon R 上班的朝日社長／天才行銷人員的手腕／啤酒與氣泡酒的競爭／共同奮鬥的大型啤酒公司／自民黨的稅制調查會／強行獲得的勝利

06
啤酒的未來
209
清爽暢快的朝日戰勝複雜特殊的麒麟／降價導致增稅／新流派（第三類啤酒）戰爭及酒稅／稅制上，新流派（第三類啤

酒）消滅／市場萎縮／多樣化時代的啤酒文化／印度式淡色愛爾／SORACHI ACE啤酒遲來的評價／精釀啤酒的可能性

資料
啤酒、氣泡酒以及第三類啤酒的上市年表 237

參考文獻 253

01

日本「麥酒」的起源

啤酒公司的誕生

聽說日本第一個喝葡萄酒的人是織田信長（也有其實是薩摩的守護大名——島津貴久等的說法）。將葡萄酒引進日本的是耶穌會的聖方濟沙勿略（St. Francis Xavier），不論是哪一種說法，那都是發生在十六世紀的事了。

那麼，誰又是第一個喝了跟葡萄酒一樣都是釀造酒的啤酒呢？又是什麼時候喝的呢？關於這一點，並沒有留下確切的文獻與資料。只不過在江戶八大將軍德川吉宗時期的一七二四年（享保九年），由幕府職人的通詞（翻譯）所寫的《和蘭問答》這本書當中，記載了在荷蘭商館一行人造訪江戶時，與一起在住宿處享用晚餐的日本人喝了啤酒：「令人格外感到不舒服的飲料，沒有任何味道。名為啤酒」

可見對當時的日本人來說，荷蘭人所帶來的「啤酒」是個很難喝的飲料。不論如何，啤酒傳入日本要比葡萄酒晚差不多一百五十年左右。

那麼，最早釀造啤酒的日本人是誰呢？推測應該是幕末的荷蘭學者——川本幸民吧！幸民將德國的農業化學者，朱利葉斯・阿道夫・施托克哈特（Julius Adolph Stöckhardt）所寫《Die Schule der Chemie（直譯，化學的學校）》一書的荷蘭文版本翻譯成日文，並以《化學新書》為名。書中詳細記載了啤酒的釀造方法。雖然無法確定他是否真的有釀造啤酒，但有著實驗精神的幸民，或許會按照書中詳細的說明嘗試釀造吧！

話說，日本的啤酒釀造發源地是在橫濱。從幕府末期到明治初期，在橫濱的外國人居留地相繼出現由外國人經營的啤酒釀造場。

一八五九年（安政六年）開港的橫濱港是在幕府末期，作為貿易港由江戶幕府建造的。這與一八五八年締結《日美修好通商條約》有關，由外國奉行（外交官員）的岩瀨忠震主導建設。江戶幕府希望藉由貿易來縮小發生在日本國內西高東低的經濟落差，因此投入橫濱港的建設。

橫濱港開港之後，幕府整建了外國人居留地「山下居留地」，以及在明治改元的前一年所開拓的「山手居留地」這兩個地區。開始住進橫濱居留地的外國人有軍人、外交官、傳教士及貿易商等。雖然他們渴望能喝到啤酒，但是幾乎所有的啤酒釀造場都會面臨經營困境，通常過沒多久就會關門大吉。順帶一提，日本第一個釀酒廠是在山手，一八六九年（明治二年）建立的「日本橫濱啤酒公司」。一開始的經營者是猶太人的羅森菲爾德。島根的松江藩也有出資，但是在一八七四年（明治七年）倒閉。

春谷啤酒廠

在此時期，一位美國籍的挪威人——威廉・柯普蘭嶄露頭角。一八七〇年，柯普蘭在山手開始了啤酒釀造，將釀造場名為「春谷啤酒廠」。

在山手變成外國人居留地之前稱為天沼，有著豐富的水資源，適合釀造啤酒。聽說這裡的湧泉也能當作讓水車轉動的動力用來碾碎麥芽。

柯普蘭原本就是啤酒釀造技師。在橫濱居住的外國人之間，他所釀造的啤酒相當有名，也有運送到東京及長崎、函館等地銷售。最後不但日本人可以接受，甚至也出口到上海及香港。更進一步的，在一八七五年（明治八年）左右，他所經營的啤酒廠與日本第一家露天啤酒餐館合併後開始營運。

作為一名技術者，柯普蘭將自己所知道的技術毫不保留的傳授給日本學徒們，毫無種族差別。結果讓這些學徒們，甚至是他們的後代，都因為全國各地啤酒廠的需求漸增而變得十分活躍。

從培育人才這點來看，柯普蘭對國產啤酒業的興起有著相當大的貢獻。但好景不長。一八八四年（明治十七年），春谷啤酒廠倒閉了。經營不善的原因與啤酒的好壞無關，而是內部的紛爭。柯普蘭與後來中途加入並成為共同經營者，一位出身於德國的美國釀造師艾米爾・威肯特之間產生了對立。

威肯特似乎是一個麻煩製造者。雖然威肯特是日本橫濱釀酒廠的初代釀造技師，但在這裡也是因為跟經營者發生衝突，所以只工作了九個月就離職。而在下一個工作地點的山手海福特釀酒公司，也因為跟荷蘭人社長吵架而離開。春谷啤酒廠跟柯普蘭之間的衝突，最後甚至上法院打官司。試想，在本來就沒有啤酒歷史的日本嘗試釀造啤酒的人物，個性上是不是都有些奇特呢。或許因為是這樣，所以衝突難以避免。

掠取者聚集的財閥重鎮

在春谷啤酒廠倒閉的隔年，也就是一八八五年（明治十八年）七月，在原址設立了「日本釀造公司」。

投資者多是居住在橫濱的外國人，包括英文報社社長，以及金融經紀人。第一任會長由英國人擔任，作為香港公司開始營運。將總社設立於香港的方式也就是現在所說的外資企業。而之所以會是香港公司，可能是顧慮到當時日本尚未制定公司法，以及仍在不平等條約之下，如果是日本公司的話，經營基礎可能會非常脆弱等原因吧！

在有權勢的出資者當中，包括了英國人湯瑪士・哥拉巴（Thomas Glover）在內。可以看看他位於長崎名勝地區的舊哥拉巴宅邸規模呈現，就能瞭解哥拉巴的勢力不容小覷。在幕府末期，身為怡和洋行的代理人，他進口和販售武器及彈藥。哥拉巴也曾和以坂本龍馬為首的龜山社中有貿易往來。在明治維新之後，哥拉巴開發了礦場，而後成為三菱財閥的顧問。

或許是因為這樣的緣分，三菱社長的岩崎弥之助成為了唯一一個日本啤酒公司股東的日本人。他是創立三菱的岩崎弥太郎的弟弟，也以小岩井農場三位創辦人之一而為人所知。但弥太郎在一八八五年二月突然過世。

一八八六年，隨著日本啤酒公司的增資，日本商業界內的有力人士齊聚一堂。像是被譽為「日本資本主義之父」的澀澤榮一、三菱的掌舵人莊田平五郎、三井物產社長的益田孝、創立帝國飯店及之後的東京經濟大學的大倉喜八郎，以及出身土佐藩，擔任交通大臣的後藤象二郎等，各領域的傑出人士都涉足了啤酒事業。

日本啤酒公司從一開始就固定聘請德國專家來擔任釀造技師。

在明治一〇年代後半以前的進口啤酒當中，英式啤酒「艾爾（頂層常溫發酵）」，和德式啤酒「拉格（底層低溫發酵）」的需求量大增。為了因應需求，除了自德國引進機械設備，連麥芽、啤酒花等原料和瓶子也都是德國進口，並且聘請德國釀造技師赫爾曼・赫克特。有關「艾爾」啤酒及「拉格」啤酒稍後詳述。

麒麟啤酒開始販售

在赫克特到任後的隔年，也就是一八八八年（明治二十一年）二月二十三日，日本啤酒公司進行第一次的釀造。只不過，此時面臨到一個重大問題。

當時，原則上外國人只能在居留地區內行動，並不允許自由進出。因此，日本啤酒公司必須建立一個透過由日本人經營的代理商來販售的體制。順帶一提，柯普蘭的春谷啤酒廠是由日本人代理在東京等地獨家販售（因產量相當的少，所以比較容易解決）。

作為日本啤酒公司的代理商，較為人所知的是由磯野計成立不久的明治屋。好像與日本啤酒公司的成立有關，聽說是由磯野計推舉哥拉巴擔任董事的。但關於這一點，並無法證實。

身為津山藩士次男的磯野，畢業於東京大學。他獲得三菱財閥的贊助，前往英國留學。這是磯野第一次與三菱產生交集。一八八〇年（明治十三年）十月從日本出發，一八八四年回國。雖說是去留學，但並非指學術研究，而是在倫敦的航運仲介業工作，主要是學習實務。

磯野回國後，曾在三菱工作一陣子之後便離開了，接著以三菱財閥所屬日本郵船為出貨對象，成立了一家將食品及雜貨販售給船舶的公司，成為三菱財閥共同經營者。之後獨立，在一八八六年二月成立明治屋。磯野的明治屋幫忙三菱處理許多麻煩的工作，因此在獨立近兩年後，一八八七年年底，岩崎弥之助表示四千八日幣的留學費用「無需還款」。

一八八八年五月，日本啤酒公司與明治屋簽訂總代理商的合約。扣除外國人居留地，其餘出口和全國的啤酒販售全交由明治屋負責。契約上寫明明治屋負責收回貨款。不過因為磯野沒有財力，所以由岩崎弥之助出面做個人擔保。這時的磯野正好是三十歲。

磯野販售的啤酒命名為「麒麟啤酒」。提案人是日本啤酒公司的股東之一，三菱的掌舵人莊田平五郎。莊田表示「因為西方的啤酒使用了狼及貓等動物，所以我們就以東方的靈獸『麒麟』為商標吧」。

於是「麒麟啤酒」在一八八八年五月開始販售，但麒麟啤酒的標籤卻不受歡迎。標籤中央的麒麟插畫太小，看起來也很像馬，難以辨別。而且「麒麟」一詞並沒有放在主要標籤的中央。

因此在開始販售的隔年，一八八九年聽從哥拉巴的建議，更換了標籤的設計。新標籤是呈橫向的橢圓形，奔跑的麒麟繪於中央，下面清楚加上「KIRIN」的文字。圖案跟現在的標籤幾乎相同。麒麟啤酒藉由此次標籤更新為契機，希望能成為國內暢銷啤酒品牌。

另外，磯野計在麒麟啤酒開始販售的九年後，在一八九七年（明治三十年）過世，享年三十九歲。明治屋的經營由作為磯野獨生女監護人的遠房親戚——米井源治郎來繼承。

甲午戰爭（一八九四～一八九五年）中獲勝的日本，在一八九七年過渡至金本位制。世界各國都已經採用金本位制，因為全世界的銀增產，所以銀的價值下跌。以港幣（銀貨）計算方式來設定資本金額的日本啤酒公司，因為匯兌損失等不利因素，於是轉而將資本金改以日幣計算。但因為香港政府不承認轉換成以日幣計算的資本金，所以在一八九九年，香港法人的日本啤酒公司暫時解散，新設立公司「The Japan Brewery Company」（正式設立）。移轉為以日幣計算資本金的日本公司。只不過，總店仍設於香港，分店則設在橫濱市山手。冠上「The」是為了做新舊的區分。

澀谷啤酒與三鱗啤酒

姑且不論春谷啤酒廠與麒麟啤酒的前身——日本啤酒公司之間的關係，在文明開化期，日本人相繼挑戰啤酒的釀造。

讓我們把時間稍微倒退！

春谷啤酒廠創設兩年後的一八七二年（明治五年），富豪澀谷庄太郎開始在大阪的堂島釀造啤酒，推出了「澀谷啤酒」。並雇用美國的釀造技師，將啤酒推銷給外國人居留地的歐美人及外國船隻，甚至是剛開幕的西餐廳。澀谷啤酒才是由日本人經營的第一家啤酒公司。

另一方面，野口正章選擇了在地方都市山梨縣的甲府開始釀造啤酒，而非在外國人居留地的橫濱，或者是商業都市的大阪。野口家是滋賀出身的近江商人，原本經營著專門釀造日本酒及醬油的「十一屋」，而其中一間釀造所就位於甲府。

繼承十一屋的野口，在熱衷於提倡實業政策的山梨縣令藤村紫朗的建議下，決心要釀造啤酒。從橫濱的春谷啤酒請來威廉．柯普蘭及他的助手村田吉五郎，開始挑戰啤酒的釀造。因為柯普蘭十分忙碌，所以主要是由村田負責指導監督。

野口在一八七四年（明治七年）拿到啤酒生產許可後開始販售「三鱗啤酒」（三ツ鱗ビール）。現在也能在山梨縣近代人物館的網頁上查到三鱗啤酒是「東日本最早，由日本人釀造的啤酒」的介紹。

商標是頂端朝上的正三角形，含三個紅色的小正三角形，上層一個，下層兩個的堆疊，呈現三鱗（三角）的形狀。橫向寫有「麥酒」，下面則標示了「PALE ALE」

的文字。因為是艾爾啤酒（ALE），所以可以知道三鱗啤酒是屬於頂層常溫發酵。艾爾淡啤酒是目前精釀啤酒當中相當受到歡迎的一款。

一八七五年的京都博覽會上，三鱗啤酒的品質受到了肯定，獲得銅牌。順帶一提，後來出現了不少有關三角形標籤的批評：「不注意看會誤以為是 BASS 啤酒（來自英國的啤酒釀造公司 BASS 啤酒廠）」。

不過，澀谷啤酒和三鱗啤酒分別在一八八一年和隔年的一八八二年停業了。雖然如此，兩家啤酒公司所培育的日本釀造技師，對於明治時期啤酒產業的振興卻有著相當的貢獻。即使事業經營失敗，但透過挑戰困難的技術，培育出許多優秀的人才。

在東京受到歡迎的櫻田啤酒及淺田啤酒

一八七九年，東京，啤酒銷售業者發酵社於開始販售「櫻田啤酒」。而此款啤酒是由威廉・柯普蘭助手，也就是久保初太郎擔任釀造技師，而他所使用的酵母則是從春谷啤酒廠分出的。

一八八五年，在東京中野坂上經營製麵業的淺田勘右衛門，開始販售「淺田啤酒」。在此前一年，橫濱的春谷啤酒廠停止營運，於是淺田買下了那裡的釀造等設備，開始了啤酒事業。釀造技師也是雇用了在春谷啤酒廠曾是柯普蘭助手的技師。以追趕「櫻田啤酒」的姿態，「淺田啤酒」的銷售量也逐步上升。隨著甲午戰爭的勝利，社會氛圍日漸繁榮，這兩款啤酒在東京大受歡迎。一八九〇年，在上野舉辦的第三回國內實業博覽會上，兩款啤酒雙雙獲獎。

然而，曾做為競爭對手的這兩款啤酒在東京風靡一時後也消聲匿跡了。一九〇七年，生產「櫻田啤酒」的發酵社被「大日本麥酒」收購（本章末會提到），而五年後的一九一二年，「淺田啤酒」則面臨停業。

開拓使麥酒製造所的拉格啤酒

在澀谷、野口之後，北海道開拓使在一八七六年（明治九年）九月，成立了現在札幌啤酒的起源，也就是「開拓使麥酒釀造所」。負責釀造的是中川清兵衛。他是日本第一位在德國學習正統啤酒釀造的人。

中川出身於越後國（現今的長岡市）的商人世家，在鎖國的德川時代，違反國家禁令前往英國，這時的他才十七歲。跟成立同志社大學的新島襄（明治六大教育家之一）一樣，不畏艱難地勇往直前。

然而，在英國難以謀生的中川，最後決定前往德國。在這裡他遇見了正在德國留學的青木周藏（之後的外務大臣）。賞識中川才能的青木，介紹他進入柏林最大的啤酒公司，柏林啤酒釀造公司。這時是一八七三年。

在學徒制度下，中川拚命的學習技術。或許是發揮了出身於雪國新潟的人所具備堅忍不拔的意志。在工作了兩年又兩個月後，獲得廠長認可並在修業證書上寫下：

「從一八七三到今日，滿懷著濃厚的興趣及熱情，致力於啤酒釀造及精麥研究，最後掌握其部門全部的知識，達成前來歐洲的目的。能教導來自其他國家這樣有能力又勤奮的青年，讓我們感到十分的喜悅（後略）」。

成為德國公使的青木，向開拓長官（第三任）的黑田清隆為中川寫了一封推薦信。作為開拓北海道事業的一部分，黑田打算打造一家官營的啤酒工廠。

一八七五年八月，中川返回日本，於隔年擔任創立開拓使麥酒釀造所的主任技師。中川在德國學到了以味道醇厚，散發高雅苦味的啤酒花為特徵的德式拉格啤酒，是需要在低溫下釀造的；以豐富香氣為其特徵的英式艾爾啤酒，則能夠在常溫下發酵，熟成時間也比較短。

經過多次釀造測試完成後的啤酒，就是「冷製札幌麥酒」（一八七七年開始販售）。標籤上畫有開拓使的象徵，一顆大大的北極星。此星星圖案一直沿用至現在的札幌啤酒。

日本現存最古老的啤酒品牌

官營事業是否難以避免赤字的命運？就如同昭和時期的日本國鐵，因為龐大虧損而面臨困境一樣……。

中川開發的「冷製札幌麥酒」終於也開始在東京販售了。然而中川在柏林學習啤酒釀造的時間，是在巴斯德所開發的低溫殺菌法普及之前。換言之，中川所釀造的啤酒是，瓶內還保留活酵母菌的「生啤酒」。所以為了防止啤酒再次發酵，在夏天運送時，需要在啤酒瓶及木箱中間塞滿冰塊。而這就是導致成本大幅增加的主要原因。

一八八二年（明治十五年），在開拓使被廢止之後，原本由開拓使掌管的直營事業則劃歸為新設於農商務省的北海道事業管理局管轄，於是北海道事業管理局開始尋找轉讓出售的對象。而在一八八六年十一月，官營啤酒事業轉為民營化，而接手的就是大倉財閥的創始人大倉喜八郎。後來以「大倉組札幌麥酒釀造所」的名稱，開啟了新的啤酒事業。

但在隔年，大倉將事業轉讓給澀澤榮一、淺野總一郎等人，其目的似乎是要讓經營更加穩定。一八八七年十二月設立的新公司「札幌麥酒公司」發起人中的一位就是澀澤，而大倉本身也有參與策畫經營。

在前一年，大倉和澀澤都投資到日本啤酒公司（麒麟啤酒的前身）來增資。札幌麥酒的經營發展真的是瞬息萬變，但卻因為如此說明了對啤酒這項新興產業的期待值可說是相當高。

一八八八年八月，新公司成立八個月後，開始販售經過熱處理（低溫殺菌）的「札幌拉格啤酒」。此項新產品就算是在夏天運往東京也不需要放入大量冰塊保冷，大幅降低了成本。

現在「札幌拉格」的瓶身標籤上印有「SINCE 1876」和開拓使麥酒釀造所的設立

年份。而且針對開拓使麥酒在一八七七年販售的「冷製札幌麥酒」，做了「日本現存最古老的啤酒品牌」（札幌啤酒公關部）的說明。

如果去做商品品牌比較的話，相較於一八八八年八月販售的「札幌拉格啤酒」，日本啤酒公司的「麒麟啤酒」也是在一八八八年五月開始販售的。只不過，「麒麟啤酒」的名稱在一九八八年更改為「麒麟拉格啤酒」。

大阪麥酒

朝日啤酒的前身，「有限責任大阪麥酒」是在一八八九年（明治二十二年）十一月設立於「大阪市北區中之島二丁目一四一番宅邸」（當時）。資本金額是十五萬日幣。公司設立之前，在一八八七年十月舉辦創始大會，同年的十二月拿到官方頒發的公司設立許可證。在草創期間中，一八八九年九月，取得大阪府島下群吹田村（當時）的工廠用地。現在的朝日啤酒吹田工廠就此開始營運了。實際上，這裡就是朝日啤酒的創業地點。一八九二年（明治二十五年），「朝日啤酒」開始販售。關於品牌名的寫法，在官方資料上提及：「標籤上印了片假名的『アサヒ』及羅馬拼音的『ASAHI』，如果是朝日啤酒公司的往來書信，就會使用漢字的『旭』」（朝日啤酒股份有限公司一二〇年始編撰委員會編《朝日啤酒的一二〇年——分享那份感動》朝日啤酒）。

創辦人的首任社長是鳥井駒吉。駒吉是製造清酒「春駒」的堺之酒藏第二代。因父親驟逝，所以在一八七〇年（明治三年），年僅十七歲就繼承了家業。讓家業變得更為興盛的鳥井，一八七五年即具備了堺酒造會領導者的地位，一八七九年就任新設的堺酒造工會的第一任會長。

駒吉是位力求創新的經營者。「明治十六年設立堺精米公司，提供酒造米給工會的成員。此時，引進蒸氣動力來替代原本腳踏式的精米作業」（端田晶《暢快好喝——日本啤酒的有趣故事》小學館）。而「一開始即以『革新創業家』風貌登場的『堺之鳥井駒吉』，第一關心的就是堺酒造業的革新，第二則是看到了當時投射在日本酒未來展望上的陰影，就是對大量洋酒輸入的一種挑戰」（朝日啤酒社史資料室編《Asahi 100》朝日啤酒）。

駒吉同時也投入了鐵路事業，一八八四年（明治十七年）參與規劃大阪堺間鐵路公司的成立，並在一八九八年，成為與該公司合併的南海鐵路的社長。

駒吉邀請在大阪堺間鐵路創業時期結交的一位大阪財經業界的知己，一同參與大阪麥酒的經營。而顧問是日本銀行大阪分店的第一任分店長外山脩造，接下來則由百三十銀行（總店大阪、之後安田銀行的旗下）掌舵人松本重太郎繼續擔任。這時，外山跟隨越後長岡藩的當權者河合繼之助，於戊辰戰爭中在會津落敗後，被任命為阪神電鐵第一任社長。澀澤榮一欣賞外山的才能，將其介紹給五代友厚，而這成為外山在大阪活躍的契機。駒吉也向日本酒同業募集資金，包括灘之藏本「澤之鶴」的石崎喜兵衛等人聯手成為大阪麥酒的董事。

一九〇三年，大阪麥酒成為西日本唯一一家大型啤酒公司，促進大阪的經濟發展，同時也經銷惠比壽麥酒，藉此讓市占率超越日本麥酒。

日本近代啤酒之父

一八八七年（明治二十年），當時外國啤酒的進口量不斷增加，雖然國內的小規模啤酒蒸餾所也陸續成立，但是品質卻遠輸給國外的啤酒。

因此，駒吉延攬內務省的橫濱衛生試驗所技術者生田秀，並派他自一八八八年

（明治二十一年）四月起，前往德國留學一年。

生田在巴伐利亞國立維恩雪佛中央農學校（現在的慕尼黑工業大學）取得學位，更前往丹麥的哥本哈根，在短短兩週的時間內學習酵母純粹培養法。

生田被稱作「日本近代啤酒之父」。整理一下日本啤酒的歷史，從幕府末期到明治維新有科學家‧川本幸民。一八六九年（明治二年）八月，首次在日本釀造啤酒的日本橫濱釀酒廠的第一代釀造技師艾米爾‧維根。隔年的一八七〇年，在橫濱開始釀造的美國籍挪威人，威廉‧柯普蘭及其徒弟們，然後在一八七三年之後，耗時兩年在柏林研習啤酒釀造，負責開拓使麥酒釀造所釀酒的中川清兵衛等。

生田跟這些先驅者不同之處在於，當時給德國啤酒界帶來重大影響的數項技術革新，都已在他留學之前問世了。

1. 林德集團（The Linde Group）開發了氨冷凍機。
2. 巴斯德（Louis Pasteur）開發了低溫殺菌法（巴斯德殺菌法）。食品以低於一〇〇℃（啤酒是六〇℃左右）來加熱殺菌。此方法同時也可用於葡萄酒和牛奶，包括啤酒在內，可以流通的範圍非常廣泛。以啤酒來說，將熱水淋澆在已經充填且密封好的瓶或罐。在日本稱為「熱處理啤酒」，與現在的「生啤酒」有所區別。

3. 漢森（Hansen）確立了只挑選好的酵母進行的酵母純粹培養法。

因為各種技術的革新，提升了啤酒的品質以及能夠大量生產的技術。而第一位掌握這上述三項技術後回國的釀造家，就是生田秀。

一八九二年（明治二十五年）五月，工廠落成後，開始販售朝日啤酒。冷凍裝置等設備都從德國進口，雖然有具留學經驗的生田在，但仍從德國當地聘請兩位釀造技師開始生產作業。標籤使用「ASAHI」的名稱，但在新聞廣告上，卻使用了跟問候書信等一樣的「旭啤酒」。

近代啤酒的釀造技術

這段插曲所要講的重點是，日本的啤酒產業從明治時期開始向德國學習，現在各大啤酒公司也固定會安排技術人員前往柏林工業大學或慕尼黑工業大學的釀造學系留學。在日本，若想以釀造出百分百純麥芽的德式拉格啤酒為目標，這僅是一個開頭。

在啤酒的世界，「拉格」啤酒是指底層低溫發酵的啤酒，即使是在日本以外能夠大量生產的啤酒其他地區當中，大部分都是使用底層低溫發酵製造的。拉格在德文是貯藏的意思。其特色是，在酵母快要發酵結束時，會沉入到酒桶底層。與底層低溫發酵的發酵溫度相比頂層常溫發酵更低，而因為在低溫下長時間貯藏，所以能醞釀出沉穩且醇厚的風味。

因為十五世紀時的慕尼黑，會以底層低溫發酵方式來釀造黑啤酒，這在中世紀時期相當盛行的發酵方法。一八七三年，慕尼黑釀造廠引進了林德發明的氨冷凍機一號。而在冷凍機發明之前，底層低溫發酵的啤酒只能在氣溫低的冬天來釀造。

另一方面，英式「艾爾」啤酒則是指頂層常溫發酵的啤酒。頂層發酵的特徵，是在發酵過程中酵母會隨著泡沫浮起到液體表面。比起底層低溫發酵，發酵溫度較高且發酵時間比較短。而相較於底層低溫發酵，有著悠久歷史的頂層常溫發酵，能夠釀造出帶著奢華風味的啤酒。

底層低溫發酵的酵母，是頂層常溫發酵的酵母在中世紀突變所誕生的。

在德國，「啤酒純粹令」現今仍存在著。很抱歉稍微賣弄點知識，在一五一六年，自從曾經是拜恩國王的威廉四世（Wilhelm IV）為了提升啤酒品質而頒發此法令以來，德國完全不使用稻米及玉米粉等副原料，而只使用麥芽及啤酒花、水來釀造啤酒（之後酵母也被認可為原料）。換句話說，在德國釀造的啤酒百分百純是麥芽啤酒。另外，在第二次大戰後，歐洲全體都期盼能邁向統一的氛圍中，歐洲司法裁判所做出一九八七年的啤酒純粹令是非關稅壁壘的判決。最後，專為當時的西德國內製造的啤酒仍適用純粹令，但使用了副原料的進口啤酒同樣也可以在國內販售。即使如此，「至今德國大部分的釀造家在釀造啤酒時仍遵守純粹令」（一位駐德的日本啤酒公司高層如此說）。

正確來說，頂層常溫發酵的艾爾啤酒尤其受到年輕人的喜愛。大約從二〇一五年起，再次受到日本人歡迎的精釀啤酒，大部分都是頂層常溫發酵的啤酒。其中，多家釀酒廠都在釀造的 IPA（印度淡色艾爾），是源自於十八世紀，為了將啤酒從英國運送到遙遠的東印度公司，而加進大量啤酒花來延長保存的淡色艾爾啤酒。其恰到好處的香味及苦味，廣受年輕人的喜愛。

隨著社會變得多樣化，迎來的是沒有絕對暢銷的時代。

姑且不說啤酒是一項工藝，現在大量生產的啤酒，幾乎都是品質安定的拉格啤酒。林德開發了冷凍機、巴斯德發明了低溫殺菌法、漢森確立了酵母的純粹培養法，這三項創新技術讓原本當作工藝釀造的啤酒，變成能夠大量生產、大量販售的近代新產業。

然後在明治時期，日本迎向了啤酒黎明期，從德國學習技術這件事情來看，就別具意義。日本的釀造商開始強調自家啤酒是底層低溫發酵的拉格啤酒，以及使用百分百的純麥芽啤酒，標榜著能釀造出有層次且醇厚的啤酒。到了二十世紀，啤酒業面臨巨大的產業變化。而進入二十一世紀，則經常可見砸下鉅款的世界性 M&A（企業的合併收買）。

順帶一提，除了底層低溫發酵（拉格啤酒）以及頂層常溫發酵（艾爾啤酒）之外，還有以自然發酵方式釀造的啤酒。不使用經過純粹培養的酵母種，而是以生存於自然界的野生酵母來發酵。於西元前三千五百年，美索不達米亞的蘇美爾人就是以這種方法釀造了人類最早的啤酒。現在，以只在比利時的帕約滕蘭（Pajottenland）地區釀造的「蘭比克（Lambic）」啤酒為代表。這款啤酒是以生存於布魯塞爾近郊的塞納河谷由野生（天然）酵母及乳酸菌、細菌等自然發酵的。

而在其他國家，以日本的伊勢角屋麥酒（三重縣伊勢市）在二〇一四年開始販售的「HIME WHITE」廣為人知，曾獲得國際獎項。使用的原料即是鈴木成宗社長從伊勢市森林採集到的野生酵母。

明治時期的四大品牌

以開發黏著劑而名的KONISHI（總公司在大阪市）的網頁上載明「一八八四年（明治十七年）釀造了朝日印啤酒。成為現在朝日啤酒的前身」。也有一說是，可翻閱《Asahi 100》來了解朝日啤酒的公司歷史：「既是大阪藥酒批發商，又在進口洋酒占有一席之地的小西儀助商店（即現在的KONISHI），把明治十七年至明治二十一年間釀造的『朝日麥酒』品牌名，讓渡給『旭』啤酒之後而傳承了下去」。

三得利的創始人，鳥井信治郎從一八九二年（明治二十五年）一月一日起，在小西儀助商店擔任學徒。朝日與三得利這兩間日本酒商代表的淵源可回溯到江戶時期，並於最終交會在大阪碼頭的小西儀助商店。另外，朝日啤酒的駒吉與三得利的信治郎，兩人名字雖然都是鳥井但其實並沒有任何親戚關係。

回歸正傳，在這個時期有另一項新趨勢誕生了。一八八七年（明治二十年）九月，聚集了東京與橫濱的中小資本家，他們看好啤酒事業的未來，並以成為日本第一的啤酒公司為目標，設立了「日本麥酒釀造公司」（資本額十五萬日幣，社長是鎌田增藏）。

在創設發起人當中，因為沒有兼具財力與名聲的一流資本家及實業家參加，所以缺少了讓資本家願意出資加入的說服力。但是在一八八九年四月的股東名簿上，出現了三井物產的高層，其代表人物是三井物產橫濱分店店長的馬越恭平。身為大股東的馬越，成為了這家日本麥酒釀造公司的社長。

日本麥酒釀造在一八九〇年（明治二十三年）開始販售「惠比壽啤酒」，成為最主要的品牌。並於一八九三年轉虧為盈，經營日趨穩定。

不同於以開拓使麥酒為起源，原隸屬於大倉財閥的札幌麥酒，在戰後轉為芙蓉集團的旗下，而馬越所帶領的日本麥酒，則成為三井集團旗下的一份子。

明治時期的四大品牌：麒麟、札幌、朝日、惠比壽，就此登場。

引進啤酒稅

一八九〇年，若將當時的啤酒價格「換算成現在幣值的話，一瓶大約是五千日幣，也就是一瓶香檳的價格」（《日本のビール 面白ヒストリー：ぷはっとうまい》譯名：《暢快好喝——日本啤酒的有趣故事》，端田晶）。在同年舉辦的內國勸業博覽會（第三次）中，全國共有八十三個品牌展出，所以在日本正式開始釀造啤酒後歷時約二十年，啤酒釀造廠一口氣增加了許多。在這個時期，日本啤酒公司的數量膨脹至一百家。順帶一提，現在日本大概有六百七十七家（截至二〇二二年末）精釀啤酒公司。

然而在這樣熱絡景象之下的一九〇一年（明治三十四年）卻被狠狠地潑了冷水。因為在這一年，開始徵收高額的啤酒稅。

釀造一石[1]需要徵收七日幣的稅金，且無關售後營利如何，稅金是採取預付的制度。一九〇一年三月公布，十月一日開始實施的啤酒稅，迫使各家啤酒公司不得不漲價。於是啤酒的消費停滯，使得中小企業廠商被淘汰。一九〇〇年的全國啤酒產量跟

1 日本酒的單位，一石等於一百八十公升。

前一年的相比，增加了三十八％，產量超過十二萬石。然而，因為啤酒稅的徵收使得啤酒價格上漲，在一九〇二年全國的生產量低於十萬石以下，可說是跌宕幅度相當的大。

在這之前，只有日本酒才要徵收酒稅的。啤酒是近代國家的象徵，明治政府為了扶植這個新產業而設立了不同的方針。但事情發展產生變化。當北清事變（義和團之亂，一九〇〇年六月到隔年九月）發生，於是第四屆伊藤博文內閣時提出了徵收啤酒稅制。

激烈反對啤酒稅的，是日本麥酒社長馬越恭平。三井財閥出身的馬越，以業界領導者的身分站在反對運動的最前線。但還是避免不了啤酒稅的徵收，並且作為戰爭支出，將徵收的稅金使用於當時的日俄戰爭（一九〇四至一九〇五年）上，直到太平洋戰爭結束之前，徵收的稅率仍不斷攀升。所謂日本的徵稅特性「從方便徵收（稅金）的地方收取」，便是從這個時期開始的。

之所以日本的啤酒稅是全世界最高的，是因為它身負籌措軍事費用的歷史任務。但第二次世界大戰已經結束，明明不需要再籌措軍事費用了，為什麼啤酒稅還是那麼高呢？

啤酒帝國的天下——「大日本麥酒」

札幌啤酒於一八九九年六月決定在東京設廠。曾位居業界第四的札幌麥酒，計畫透過在東京設廠來起死回生。隔年三月，購入了現今墨田區吾妻橋的秋田藩主佐竹舊宅邸，做為新廠用地。現址為朝日啤酒總公司和墨田區公所。一九〇三年六月，札幌啤酒的東京工廠正式啟用，在當時啤酒稅制之下，市場逐漸萎縮，導致競爭變得更為激烈的環境中，前往了東京發展。

就在啤酒業界陷入苦境時，一九〇六年三月，日本麥酒、札幌麥酒以及大阪麥酒三間公司合併成立了大日本麥酒。根據《麒麟啤酒的歷史（新戰後篇）》（麒麟啤酒篇）的記載：「總之，日本、大阪和札幌三家公司的合併相當的順利」。

就此誕生了「大日本麥酒」，由馬越所屬的三井財閥主導經營。而第一任社長由馬越擔任。根據朝日啤酒的公司歷史《Asahi 100》記載：「以馬越及大倉的會談為出發點，讓澀澤做出了決定，也吸引了鳥井的加入」。

合併的比例是，日本麥酒 2、札幌麥酒 1.5、大阪麥酒 1。而市占率較高的大阪麥酒其合併比例之所以為 1，是因為這是資產評估所得出的結果。譬如，以公積金與結轉金額來說，相較於日本麥酒的七十三．八萬日幣，那麼大阪麥酒就大約是二十二．二萬日幣。如果是公司債券餘額的話，相較於大阪麥酒的七十六萬日幣，日本麥酒會是零。在創立大日本麥酒時，三間公司合併的目的簡單摘要如下：

①避免國內同業者之間的競爭，拓展海外銷售通路。

②主要原料的啤酒用大麥及啤酒花，機械設備等國產化，實現自給自足的目標。

③盡可能不雇用國外技師。

除了確立在國內具備了壓倒性的優勢，並且朝國外發展外，也提出了貫徹國產主義的經營方針。

一九〇六年，大日本麥酒的市占率已經達到七一．八％。其他分別為「麒麟啤酒」的 The Japan Brewery 的二〇．三％、「加武登啤酒」的丸三麥酒五．六％，以及「東京啤酒」的新東京麥酒（舊櫻田麥酒）的二．三％。

上述四間啤酒公司合計共占全國九九．九％。當時馬越恭平所期待的，即是透過聯合啤酒業界拿下這高達九九．九％的市占率，以實現完全獨占國內市場的目標（獨占禁止法直到第二次世界大戰後才制定）。因此，馬越也想要收購 The Japan Brewery 和丸三麥酒，但最後都不了了之。丸三麥酒之後會再談到，而關於提出收購 The Japan Brewery 的經過，已有相關記載：「以無法接受大日本麥酒所要求之原材料、技術面採行國產主義為由而謝絕」（《朝日啤酒的一二〇年》）。

拒絕吸收合併的麒麟麥酒

另一方面，在《麒麟啤酒的歷史（新站後篇）》中寫著：「《麒麟麥酒株式會社五〇年史》中記載了馬越透過書信、面談向 JBC（The Japan Brewery）的會長法蘭克・S・詹姆斯（Frank S James）提出收購的建議。但卻未留下有助於了解整個過程的高層會議記錄（中略）。也因為如此，很難得知此次收購是同時合併四間公司，還是在合併了 JBC 之外的三間公司後才進行的。（中略）總之 JBC 拒絕了與這三間公司的合併，又或者是拒絕了大日本麥酒的併購」。

在這之後，明治屋自一九〇六年秋天起，開始了收購 The Japan Brewery 的行動。

明治屋社長的米井源治郎向詹姆斯會長提出了建議，獲得了三菱社長岩崎久彌（岩崎彌太郎的長男・三菱財閥第三任總裁）等高層同意，並完成收購。於是，一九〇七年（明治四十年）一月二十二日，成立麒麟麥酒。

雖然沒有社長，但是新公司有麒麟麥酒執行董事的米井源治郎實際經營著。成立時的五萬張股票當中，岩崎久彌買了一・五萬張，岩崎彌之助買了一萬張。但是股票的名義則分散給三菱及岩崎家的相關人士。

三菱旗下的麒麟，一直到最後都沒有加入大日本麥酒。這並不是單純對三井財閥及澀澤榮一們的對抗，而是因為在「確保市場的自由競爭」這個理念上沒有取得共識。

政府加強管制

因為啤酒稅的徵收，誕生了像大日本麥酒這樣市占率達七成的大型公司。一九〇八年，明治政府規定了最低產量（每年必須產出的最低數量）。

像這樣由大企業組織而成的啤酒產業與國家的關係，有一說是在戰後的這段期間，雙方都是「相互支持」的。也就是說，啤酒公司繳納高額酒稅，而國家對其規定每年最低產量，以限制有新的企業投入市場。擁有龐大資金的啤酒公司，則按生產量繳交稅金給國家，然後國家以此為資金來擴充軍備用品。希望能夠對抗美英。此結構能實行，或許是因為啤酒消費者多位於經濟金字塔的頂端。

順帶一提，一九九四年，放寬了啤酒最低產量，而這是因為「地啤酒解禁」所帶來的結果。隨著酒稅法的修正，最低產量從每年兩百萬公升放寬至每年六萬公升（可換算大約是九萬五千瓶的六百三十三毫升大瓶裝），於是全國各地的地啤酒（在地啤酒）紛紛湧現。與之前被大量淘汰的地啤酒不同，從二〇一〇年代開始，備受擁護的新興精釀啤酒品牌大幅增加。即便處於新冠肺炎陰影壟罩之下的二〇二〇年，仍然不斷地成長。

由市占率七成以上的大日本麥酒，以及市占率兩成的麒麟所構成的寡頭壟斷，一直持續到終戰後的一九四九年（昭和二十四年），但其實，由鳥井信治郎所經營的壽屋（現在的三得利控股）早在一九二八年（昭和三年）也投入了啤酒的製造生產（下一章詳述）。但最終還是無法打破壟斷市場，於是壽屋在一九三四年（昭和九年）退出。最後，大日本麥酒收購了壽屋鶴見工廠。

一九三三年，大日本麥酒與生產「三矢汽水（MITSUYA CIDER）」的日本麥酒礦泉合併。

日本麥酒礦泉是在一九二一年（大正十年）由加富登麥酒、帝國礦泉、日本製壜三間公司合併之後所成立的公司。居於核心的加富登麥酒是源自於一八八七年（明治二十年）在愛知縣半田開業的丸三麥酒釀造所。這原是一家釀醋的老鋪，在中埜醋店第四代的中埜又左衛門命令之下，外甥盛田善平釀造啤酒而開始的。從德國引進釀造設備，在愛知縣半田市建造了工廠（「半田紅瓦建物」），開始販售「加武登啤酒」。雖然相當暢銷，但最後還是贏不了四大品牌，赤字大增。因此在一九〇六年（明治三十九年）十月，轉讓給東武鐵道社長的根津嘉一郎（初代）。這時的大日本麥酒剛成立大約半年。

順帶一提，以退出啤酒市場為契機，後來的盛田善平投入了製粉事業。並在一九一九年（大政八年）創立敷島麵包公司。不論是啤酒還是麵包的製成，其共通點在於，都需使用小麥和酵母，所以兩者並非毫無關聯。再說到當地有一款叫做「NENOHI（ねのひ）」的名酒，其釀酒商名即為盛田。善平是盛田家的旁支出身，善平的妹妹嫁給了盛田家十三代宗長。其長男盛田昭夫，在戰後與井深大共同創辦了SONY。

回到主題，對根津嘉一郎來說，終其一生都與大日本麥酒社長的馬越恭平敵對。《Asahi 100》是這樣記載的：

「我並不是為了要販售麥酒才努力的，而是出於和馬越之間的感情。……無論如何都要讓馬越低頭認輸，這是我最終的目的」

可得知兩個人之間是可以像這樣亂開玩笑的關係。而這段恩怨全起因於福澤桃介（著者注：福澤諭吉的女婿）。

當時被認為是名投機者的福澤，把馬越為了麥酒大合併而四處奔走時脫口說出的，丸三麥酒會社（加武登啤酒）收購計畫告訴給根津，於是福澤和根津一同先發制人，將丸三麥酒收購。讓以為萬全無失的馬越栽了個跟斗。（中略）勝負心很強的根津，當初是勉為其難的接下經營的重擔，但漸漸對「固執己見」的馬越產生強烈的對抗心，於是積極投入了「加武登」啤酒的重現，一九二一年（大正十年），以「UNION啤酒」為主力的日本麥酒礦泉會社脫胎換骨。之後的根津再三提出和解，但馬越都以「散漫無理」為由拒絕了。

（以上載自《根津翁傳》昭和三十六年刊）

換句話說，根津取得馬越要收購丸三麥酒的情報後，搶在馬越之前壟斷收購了丸三的股票。然而「根津嘉一郎原本就是隨著證券市場發展而在企業界拓展勢力的，投資家型企業集團「甲州財閥」的其中一位領袖」（《Asahi 100》）。不喜歡壟斷收購的馬越，最終無法將丸三麥酒併入大日本麥酒。這樣的結果讓根津原本打算將收購的丸三股票以高價賣給馬越的計畫受挫。不但如此，對於丸三麥酒的經營，根津變得必須從正面來處理了。

另一方面，馬越希望促使丸三與麒麟合併，讓大日本麥酒市占率達百分之百的計畫也宣告失敗。本來規劃排除國內競爭，完成大團結後的大日本麥酒能朝海外發展的理想。卻因為有了嫌隙，雙方對立長達二十七年之久。

經歷了大正末期的設備投資競爭，邁入昭和時期，捨身拼命的銷售亂戰後，在一九三二年（昭和七年）末，馬越向麒麟、丸三及大日本提出合併的建議。這是有著「東洋啤酒王」綽號的馬越，作為經營者的一份執念，但不論是根津，還是麒麟都拒絕了。這次合併失敗的具體內容，是由大日本麥酒的高橋龍太郎常務委託三菱銀行的加藤武男常務進行斡旋。即使這次的合併沒有成功，但在一九三三年七月，大日本麥酒也與日本麥酒礦泉合併。同年四月，馬越突然去世。「聽到訃聞的根津，脫口說出『這樣就沒有對手了。已經沒有動力了，所以哪時候合併都沒關係』（《朝日啤酒的一二〇年》）。趁著這次的合併，根津從此離開了啤酒業界。根津不只在企業界發光發熱，也涉足文化事業，創立了武藏學園（現在的武藏高等學校中學校、武藏大學），以及根津美術館等而廣為人知。

出身日本製壜的山本為三郎，除了接受根津的指導，也特別被疼愛。因此山本將根津視為「事業經營的恩師」。日後山本進入大日本麥酒，並於戰後成為朝日啤酒的第一任社長，是在啤酒歷史上的關鍵人物。

在馬越之後，出身於大阪麥酒技術員的高橋龍太郎出任大日本麥酒社長。高橋重用山本。戰後的一九四九年，大日本麥酒解散，高橋成為最後一任的社長。在那之後，擔任日本商工會議所會長、第三代日本足球協會會長，以及過去存在的高橋聯盟的老闆。甚至成為了參議院議員，並在第三次吉田內閣中擔任通商產業大臣。具備了多采多姿的經歷，而其長男高橋吉隆則與啤酒業界有著很深刻的關係。

02

戰後的四大啤酒公司

大日本麥酒的解體

作為聯合國最高司令官總司令部（GHQ）[2]的占領策略，在一九四五年（昭和二十年）九月宣布財閥解體之後，一九四七年四月制定「禁止私自獨占以及確保公平交易之法律」（禁止壟斷法、反壟斷法），同年十二月，制定《過度經濟力集中排除法》（集排法），並且在資本領域中，採行了一連串的占領政策。

當時日本的啤酒產業呈現由大日本麥酒和麒麟麥酒寡占的狀態。其中占全國啤酒生產量約七成以上的大日本麥酒執行董事山本為三郎，預測到「《過度經濟力集中排除法》的適用必定會導致瓜分」。正如預料，GHQ強硬提出的方針，內容就包括了大日本的五分割、麒麟的二分割的嚴苛內容。

山本強烈的反對。但是在一九四八年，執行集排法的機關，控股整理委員會指定了包含兩間大型啤酒公司在內，及國內三百二十五間大企業成為分割對象。

然而這個時代難以預測。美蘇冷戰開始後，GHQ的對日政策突然改變。也就是說，從以軍事化為目的的抑制經濟發展策略，轉變為經濟獨立與復甦。

暫緩了集排法的實施，讓麒麟免於被分割。在當時成為集排法分割對象的三百二十五間公司當中，最後被分割的企業有十一家。即使遭到分割的大日本麥酒，實際上規模和舊日本製鐵（因集排法而分割成舊八幡製鐵與舊富士製鐵）一樣，仍是大企業。

一九四九年九月，以東日本為中心的日本麥酒（札幌啤酒），以及以西日本為中心的朝日麥酒（朝日啤酒）設立。朝日啤酒的第一任社長是山本為三郎（大日本麥久的前執行董事），而札幌啤酒的第一任社長則是由柴田清（大日本的前常務董事）就任。兩間公司的資本金額都是一億日幣。

大日本麥酒的最後一任社長，同時也是清算人代表的是高橋龍太郎。清算程序於一九五二年結束，歷經約半世紀的企業活動正式終了。

在公司歷史《Asahi 100》中，記載了「大日本麥酒作為業界的翹楚，其規模也是在戰前首屈一指。企業風格沉穩不做作，並穩定維持現狀。但從今天開始，公司規模將會縮小一半，已經不是昔日的大企業了」，這是新公司成立初期的狀況。

2　GHQ：聯合國軍隊最高司令官總司令部（General Head Quarters of the Supreme Commander for the Allied Powers）。一九四五年在東京設置的，GHQ 在管理機關中被定位是行政機關，但實質上是日本的統治機關。

曾任舊住友銀行副總行長的樋口廣太郎轉任朝日啤酒社長，並在一九八七年以社長的身分見證了「Super Dry」的熱銷，他曾向作者提到。「從GHQ來看（成為集排法對象），啤酒跟製鐵產業其實差不多，都是日本最前端的產業。也因此，啤酒產業聚集了許多優秀的人才，自從一九七六年來到朝日，才發現朝日的優秀人才比住友銀行多」。

對大型企業的大日本麥酒來說，將銷售區塊分割為東日本札幌、西日本朝日的方式是它的特徵。雖然大阪的市場規模僅次於東京，但當時的札幌麥酒公司卻只在這裡設辦公處。另一方面在大阪麥酒時期的朝日，有最東邊的東京分公司，在北關東及東北、北海道地區卻連辦事處都沒有。這說明了，札幌麥酒不論是工廠還是分公司都集中在東部，而大阪麥酒則是集中在大阪以西。但還是有例外，兩家公司在東京與九州都設有工廠與分公司。

當初面臨分割時，兩家公司約定只能在自己的地盤進行銷售活動。似乎是為了同時確保札幌、朝日在這兩區各具勢力的特約店（批發商）。

從管制到自由競爭

分割後的一九五〇年到一九五三年間，是由國家來分配啤酒原料的大麥給包含麒麟在內的三家啤酒公司，再加上三家公司之間的締結協定，所以當時三間公司的市占率並沒有太大差異。

在《朝日啤酒的一二〇年》中，記載了：「原料大麥仍被管控，一九五〇年的合併比例，朝日麥酒及日本麥酒是三十六．二％，麒麟是二十七．六％。一九五二年的六月，麥類轉為間接管控，因轉售使得配額制消失（中略）。一九五三年，各家公司以前一年的數據為基礎，締結生產比例的協定，但因需求激增，使得此協定有名無實，之後就沒有再締結協定了。

在一九五一年之前，原料大麥的分配會影響各公司的市占率，但是在一九五三年，朝日麥酒還是拿到三十三．五％的市占率，居第一位。到了隔年的一九五四年，麒麟麥酒奪走第一的寶座，此後便逐漸下滑」。

將麒麟和札幌的公司歷史等內部資料做比較後發現，一九五三年的出貨量（課稅移出數量），朝日為一二萬三九八六千升，麒麟是一二萬三六四六千升，札幌市一二萬四四〇一千升。札幌比朝日多出四一五千升，換算成市占率的話，札幌市三三．四四％、朝日是三三．三三％，最高的是札幌。不管怎樣，一九五三年的市占率，三家公司都在三十三％左右，只差在小數點而已。

只不過，朝日認為「自己是第一」。這其實有著很重要的含意。

第一次小泉純一郎內閣成立於二〇〇一年，朝日在啤酒及發泡酒市場超越了麒麟，勇奪市占率第一。事實證明於二〇〇二年報章雜誌上的報導：「時隔四十八年，終於奪回市占率第一的寶座」。

假如一九五三年市占率第一的是札幌啤酒的話，那麼朝日啤酒就不是「奪回」第一，而是第一次「奪取」了。

順帶一提，市占率伴隨著一九八〇年後半，激烈的啤酒銷售競爭變成一個重要話題。酒類會徵收所謂的出廠稅，這主要是在運送出工廠時，也就是出貨到市場時徵收的稅。這也影響著市占率，是要以出貨量來表示呢，還是以跟廠商或通路交易成立時的銷售量來計算呢，兩者所得的數值應該會不同吧！

從一九五四年開始，管控制度解除，協定取消，生產自由化（在銷售方面，自一九四九年七月起，酒類恢復自由交易的時間而在這之前都是配給制。）《朝日啤酒的一二〇年》中，記載：

「山本社長在一九五五年的創立紀念日發表中這樣說：『麒麟具備了始終如一的商標，以及一貫的經營優勢，但在歷經了合併，再分割，以及商標變更之後，本公司自然會產生太過依賴銷售網路的弱點』。」

麒麟使用了「麒麟啤酒」，這個全國性的品牌。而相較之下，對於大日本麥酒旗下的兩家啤酒公司來說，並沒有全國通用的品牌產品。就如前面所提，札幌啤酒曾短暫放棄了在東日本具有優勢的「SAPPORO」品牌，而更改為「NIHON」。

在日本西部較為人所知的「ASAHI」品牌，在關東及東北等東日本卻是默默無聞。這是利用「大日本」這個產品品牌，讓能夠支撐全體的商品廣為人所知的一種布局。

這個時期的啤酒市場正迅速拓展。一九四九年，三家啤酒公司（麒麟跟被分割的朝日、札幌）的總課稅移出數量大約有一四萬千升，但是開放自由競爭後的一九五四年，則約有三九萬千升，成長了二・八倍。

一九五五年，所謂的五五年體制（原本分裂為左右派的日本社會黨統，在保守合同之後，誕生了自由民主黨）成立那年，產量大約有四〇萬千升，而在一九五六年提倡的「早就不是戰後了」及《昭和三十一年度經濟白皮書》時，大約有四五萬千升。一九五七年則是五五萬千升，市場呈現上升趨勢。

端上平民餐桌的啤酒

自一九五四年開始的自由競爭中，三家公司之間不斷進行攻防戰，但之後卻各自朝著不同的道路前進。

在釀造酒當中，日本酒的酒精含量約十五％，而啤酒則是在五％前後。因為啤酒的酒精含量較低，加上氣泡特性，所以大多會在夏天冰鎮後飲用。在高溫潮濕的日本夏天，啤酒帶來的暢快感具有無人能比的魅力。

只不過，從明治時期開始，以籌備軍事資金為目的而被徵收高額稅金的啤酒，酒精濃度越高價格就越昂貴，在餐廳喝啤酒就像是在喝高級酒。即使在戰後，此狀況仍沒有改變。

根據《Asahii 100》的記載：

「一九四九年的上班族，以年收入換算成月薪的話，每一個月的薪水大約是八千八百一十日幣（勞動省資料），但一瓶大瓶啤酒就要一百二十六日幣五十錢（公定價格）。當時的啤酒算是奢侈飲料，在飯店、料亭、高級酒吧等的營業用啤酒消費量大約占八十％以上，此時的啤酒並不是一般家庭有辦法買的高級飲料。

想當然，銷售活動就得從這些餐飲店推動」。

在谷崎潤一郎及永井荷風描繪戰前的作品中，出現了咖啡廳將啤酒當作高級酒提供給顧客的場景。

在戰前戰後的昭和二十年代，提供給餐飲業的啤酒市占率壓倒性的高，而舊大日本麥酒的朝日及札幌則在營業用方面占有優勢。即使是在開放自由競爭的一九五四年之後，一直堅守自己強項的兩家啤酒公司，仍繼續以營業用啤酒為銷售重點。

相較不擅長銷售營業用啤酒的麒麟，則全力投入家庭用啤酒市場。所以有「麒麟不想投入營業用，而只願意專注在家庭用啤酒的市場」（麒麟前職員）這樣的說法。

大約從一九五〇年起，麒麟開始把重心放在特約店（批發商）。可見其麒麟內部資料的記載：「本公司開始委託清酒釀造業、醬油釀造業，以及販售業者等，成為新的批發商。再加上，這些新的合作者當中，也有本身就擁有家庭用啤酒的通路，所以之後當家庭用啤酒的消費量大幅提升之時，這將成為優勢」。

銷售量擴大，最重要的是有沒有啤酒銷售經驗的新特約店加入。從一九五〇年一月開始，麒麟在業內率先以票據來進行交易。在這之前都是以現金交易。因為這樣的改變，確保了每筆現金交易的回收，解決了和特約店之間的紛爭，讓麒麟能盡早著手開始基盤整備。

因為經濟大幅成長，很快的，冰箱普及至一般家庭中，變得在家就能享用啤酒，麒麟的市占率也因此逐漸攀升。

相反的，在營業用啤酒方面有成功經驗的朝日及札幌，並沒有往家庭用啤酒轉移。毫無疑問的，兩家在市占率輸了。

進入昭和三〇年代，在東京等地會有酒商到一般家庭推銷，所以除了味噌及醬油外，也可以下單購買啤酒，而此時，送貨到府的「推銷員」制度也逐漸成形。就像出現在漫畫《海螺小姐》的「三河屋的三郎」，三郎用小貨車或是電動三輪車載著商品，放在箱子裡的二十瓶大玻璃瓶的就是麒麟拉格啤酒。

三郎不只是載著啤酒和味噌，在月底也會收錢。酒商主要是按照地區形成的。不論如何，跟酒商宅配的擴展成正比，麒麟的市占率也逐漸提升。不但在市占率上贏了，還越來越強大。

麒麟啤酒成長的背景

實際用數字來證實吧！

冰箱的普及率，在一九六〇年達到十％左右，而到了一九六六則超過了六十％，在一九七〇年則幾乎達到九成了，一九七一年則突破了九十％。

而日本國內的啤酒市場（銷售量）也因為冰箱的普及，銷售量迅速攀升。

一九五五年，四〇萬三四百一三千升（市占率是，麒麟三六・九％、朝日三一・七％、札幌三一・四％）。一九六〇年，九一萬九四六一千升。一九六六年是二百一二萬二六一九千升。一九七〇年是二九七萬二六四五千升（麒麟五五・四％、朝日一七・二％、札幌二三％、三得利四・四％）。

順帶一提，在一九七一年，市場出貨量首次超過三〇〇萬千升（三〇五萬二五一四千升）。市占率是麒麟五八・九％、朝日一四・九％、札幌二一・一％、三得利四・二％。

而且從一九五七年至一九六七年，寶酒造（現在的寶生物技術）在群馬及京都擁有的兩間工廠，也投入了啤酒銷售市場。後來退場的原因是，負責啤酒銷售的特約店通路太過薄弱。

如果想充分了解整體發展，那麼關於國內啤酒市場的「未來」，應該也要稍微介紹。在冰箱開始普及的一九七五年，其啤酒出貨量大約是一九五五年的十倍，也就是三九五萬五五一九千升。到了一九八五年，這十年之間就成長了大約兩成，也就是增加到四七八萬五三二八千升。然後在一九九四年，市場出貨量七二五萬五六九一千升，達歷史新高。在這一年，三得利開始販售日本第一款氣泡酒「HOP'S」。數字是包含ORION在內的五大公司的啤酒出貨量，再加上「HOP'S」的八三九九千升銷售量而得。

但即使單看啤酒市場，跟一九八五年相比，市場大約擴大了一・五倍，這與

「SUPER DRY」與「一番搾」的暢銷有很大的關係（有待之後詳述）。

一九九四年的啤酒出貨量及發泡酒出貨量的總和，以箱來計算的話，有五億七三二一萬五九五五箱（一箱是大瓶二十瓶＝一二．六六公升。也可說一打）。數量根據是以在整體酒類當中，啤酒跟氣泡酒大約占七成比例來計算的。

在冰箱進入家庭的一九七五年這個階段，啤酒的消費有七成是來自家庭，三成則是餐飲業的營業用。這跟營業用占八成的一九四九年時期相比，市場結構的變化相當的大。

到新冠肺炎發生前的二〇一九年為止，家庭用占七成，而營業用占三成的這個比例並沒有太大的改變。以啤酒酒造工會發表的數據為基準來計算，二〇一五年的啤酒類（啤酒、氣泡酒、新流派）市場，營業用的占二十七％。二〇一九年的啤酒類市場，營業用占約二十五％，其他就是家庭用的。自從二〇二〇年新冠肺炎發生之後，家庭用的比例呈壓倒性增加，這應該是新冠肺炎這個特殊原因所導致的。

朝日與 Nikka 威士忌

回到正題，一九五四年，朝日投資 Nikka 威士忌。原是 Nikka 大股東的加賀證券社長加賀正太郎因病倒下，所以加賀將自己及其他股東擁有的，大約六成的股份轉讓給山本為三郎。

Nikka 的創辦人竹鶴政孝，曾受加賀在資金方面的支持。但其實竹鶴之前就與山本有過交集，他曾是攝津酒造（一九六四年與寶酒造合併）的員工，並在一九一八年（大正七年）以學習釀造威士忌為目的，前往蘇格蘭格拉斯哥大學留學。

竹鶴從神戶港出發時，前來送行的並不只有攝津酒造的人。「壽屋的鳥井社長也有前去送行。（中略）在身後也可看到之後成為朝日麥酒社長的山本為三郎」（松尾秀助《琥珀色的夢——竹鶴政孝與 Nikka 威士忌物語》PHP Editors Group）

留學的第二年，竹鶴在一九〇二年與一名醫生女兒，潔西・羅貝塔（麗塔）在當地結婚，同年回到日本。原本要投入威士忌計畫的攝津酒造，卻因為經營困難而放棄加入，竹鶴被迫失去工作，短暫轉行教職。一九二三年（大正十二年），創辦壽屋（現三得利）的鳥井信治郎延攬了竹鶴。

NHK晨間劇「阿政」（二〇一四年秋天至二〇一五年春天播出），就是在描述竹鶴政孝與麗塔夫人之間的故事。題外話，此時曾出身三菱商事，之後擔任LAWSON社長的新浪剛史，因挖角而進了三得利公司。

鳥井與竹鶴

接著，來談一下在鳥井、山本、竹鶴成為日本啤酒、威士忌業界名人之前，他們與現為「四大啤酒公司」之一的三得利之間又有著什麼樣的淵源吧！

創業的鳥井信治郎在一八七九年一月，身為兌幣商（編按：江戶時代以貨幣兌換和金融為業的商人），鳥井忠兵衛的次男（兩個男孩，兩個女孩中的老么），在大阪市東區出生。小學以「跨級」畢業的鳥井，在大阪商業學校（現在的大阪市立大學）就讀後，十三歲便離開了父母。

在第一章有提到，鳥井曾經在位於大阪碼頭道修町的藥酒批發商，小西儀助商店擔任學徒。在這裡工作了大概四年之後，便換到位於博勞町（鳥取）的畫具、染料批發商的小西勘之助商店工作了三年。不論是藥還是畫具、染料，在這兩份工作都能學習到有助於釀造威士忌所需的混合技術。

在貿易頻繁的港口學習經商之道的鳥井信治郎，一八九九年（明治三十二年）二月在大阪市西區靭中通二丁目（當時）經營鳥井商店。這個時候的鳥井才剛滿二十歲。原本只有經銷葡萄酒和罐頭，但不久之後，鳥井就以西班牙產的葡萄酒為基底，混合使用甘味料及香料製造了「赤玉紅酒」。赤玉紅酒十分地暢銷。鳥井將所賺到的利潤，投入了一直嚮往的威士忌計畫。

赤玉紅酒在第一次世界大戰的一九一六年左右，委託攝津酒造生產，「負責製造的是，畢業於大阪高等工業學校釀造科（作者註：現在的大阪大學），已經在攝津酒造工作的竹鶴政孝」（三鍋昌春《日本威士忌的誕生》小學館，二〇一三）。

換句話說，鳥井是因為赤玉紅酒的製造而認識了竹鶴。

「之後，信治郎不光是在一九一八年（大正七年）時目送竹鶴從神戶港出發去留學，更在一九二三年（大正十二年），把當時已在前年辭去攝津酒造的竹鶴，延攬到自己的公司」（同前書）。

以上就是前面提到的，他們兩個人認識的經過。

鳥井委託三井物產倫敦分店代為聘僱威士忌釀造技師。但結果是，釀造技師並沒有從蘇格蘭來日本。因此所延攬的，就是竹鶴。在當時大學畢業起薪只有四十到五十日幣的年代，鳥井以原本預計要給外國釀造技師的優渥條件，同樣是年俸四千日幣、合約十年，聘請了竹鶴加入壽屋（鳥井是在一九二一年創立了三得利的前身壽屋）。

山崎蒸餾所在一九二三年開始動工。鳥井將工廠建設等所有事情都交給竹鶴包辦。麥芽粉碎機等其他設備從英國進口，但最重要的蒸餾鍋，包括初溜鍋、再溜鍋（皆為銅製）都由大阪鐵工廠所製。隔年的一九二四年十一月，山崎蒸餾所完工，蒸餾作業則是從同年十二月開始。這是威士忌首次在日本誕生的瞬間。

鳥井的啤酒事業

但鳥井的威士忌事業卻遇上了考驗。

威士忌跟其他酒類不同，最快也需要花上數年的時間來熟成。在成為產品，出貨到市場販售之前，沒有任何利潤收入。但在這段等待的期間，還是要繼續的生產。單靠赤玉紅酒的利潤是無法支撐整個威士忌事業的，於是鳥井開始經營多角化事業。像是適合老菸槍，能夠去除沾附在牙齒上尼古丁的牙粉「SMOCA」、醬料、紅茶，以及啤酒。

SMOCA 這項創意商品大受歡迎。然而啤酒事業卻岌岌可危。

日本第一款威士忌「三得利威士忌白札」是在一九二九年開始販售的（昭和四年）。非常可惜的是白札賣得相當不好，而在開始販售白札的前一年，也就是一九二八年十二月，壽屋以一百零一萬日幣買下橫濱市鶴見區的啤酒廠「日英釀造」。

與白札的販售日期一樣，一九二九年四月也開始販賣「新 CASCADE 啤酒」（隔年將品牌改為「ORAGA 啤酒」）。第一章曾提過，當時市場正處於由大日本與麒麟支配的壟斷狀態。相較於其他公司的一瓶三十三錢，壽屋最初售價一瓶二十九錢。後來改為 ORAGA 啤酒後，則以二十七錢來販售，到了一九三一年六月，更是將價格壓低至二十五錢，壽屋是以低價策略來推銷的。

給壽屋帶來壓力的是，同樣是以橫濱為根據地的麒麟麥酒。產量少的 ORAGA 啤酒回收其他公司使用過的瓶子販售。針對這一點，擁有製瓶工廠可以自產自用的麒麟，對 ORAGA 提出侵害商標權的告訴。最終法院判定麒麟勝訴。

壽屋在一九三四年（昭和九年）一月，將生產設備轉讓給大日本麥酒，正式退出啤酒事業。歷經五年的奮鬥。變賣金額為三百萬日幣，後來以一百零一萬日幣被低價收購。

那時的青年

對壽屋來說，最大的衝擊應該是竹鶴政孝於一九三四年三月離開公司的這件事吧！因為開始了啤酒事業，竹鶴於是答應鳥井的請求，同時也擔任橫濱啤酒工廠的廠長，為此竹鶴搬到了鎌倉。

當啤酒在經過蒸餾、裝桶和長時間熟成之後，就是威士忌（順帶一提，白蘭地是從葡萄酒經過蒸餾、長時間熟成而得）。所以其實啤酒跟威士忌有很深的關係。但對竹鶴來說，釀造啤酒並非他所期待的。本來簽定的十年契約，在一九三二年契約到期後便提出離職申請，鳥井當然有慰留。

在《琥珀色的夢》中，竹鶴說過這樣的話：

「在清酒保護時期下，要是沒有鳥井先生的話，以一般人的力量根本不可能培育威士忌產業的；而且沒有鳥井先生的話，也就沒有我的威士忌人生」。

離職四個月後的一九三四年七月二日，竹鶴成立了「大日本果汁株式會社」（現在的 Nikka 威士忌）。從蘋果汁開始生產，在一九三六年的秋天，北海道余市蒸餾所開始蒸餾威士忌。

余市蒸餾所的「威士忌」成為海軍指定商品，幾乎全被海軍買下。但在戰後，開放市場自由競爭，銷售能力較弱的 Nikka 在經營方面陷入低迷。竹鶴以追求高品質為目標，不願生產低價的一般品（當時的二級威士忌）。由於戰後局勢持續混亂，多數人抱著「未來的富足不如現在溫飽」的想法，所以選擇購買便宜的酒。

然後就像前面所說，一九五四年（昭和二十九年），Nikka 納入朝日旗下。朝日社長山本為三郎在三十六年前，曾在神戶港目送竹鶴前往蘇格蘭留學。「那時的青年」讓「不可能在蘇格蘭以外的地方製作」的威士忌，在日本重現了。建蓋山崎蒸餾所，現在經營著 Nikka。

山本並沒有直接干預 Nikka 的經營，而是擔任顧問。只不過在營業方面提供了補救的對策。

祕密計畫

朝日的山本為三郎在一九六三年與三得利（以再次投入啤酒市場的機會，在一九六三年三月，從壽屋更名為三得利株式會社）合作，同意三得利啤酒可以利用朝日系列的特約店（批發商）銷售（一九六二年十二月二十日發表）。三得利決定再次投入啤酒市場的是，第二代社長的佐治敬三（創辦人鳥井信治郎的次男）。

但究竟為什麼，「虎之子（意指非常重要）」的特約店網絡願意開放給三得利呢？有人指出，「山本先生並不是為了自己公司，而是考慮到啤酒業界整體的發展，所以才將當時比性命更重要的特約店網絡開放給三得利」（薄葉久朝日啤酒前副會長）。

在《Asahi 100》中，

「山本出生於大阪。經常把『周圍如果有同業的話，更要培養濃厚友誼並互相激勵』這句話掛在嘴上」，從這裡可了解山本的個性。

另外，與在一九六二年二月二十日去世的鳥井信治郎的長年交往，應該也是讓他做出此決定的關鍵。

但其實還有另外一項重大的事情在檯面下同時進行，那就是朝日與札幌的合併。從一九六二年十月二十三日開始，兩間公司在有樂町的東京商工會議所會館進行極機密的會議。

東商會館位於馬場先門十字路口的轉角，因此不管是從當時總公司在京橋的朝日，還是總公司在銀座的札幌，走路都可以走到。

一九五三年的朝日、札幌、麒麟三家公司的市占率是不相上下的。經過了九年之後，在一九六二年麒麟的市占率成長至四十五%，而朝日與札幌都只有二十六%左右（朝日下降但札幌成長，兩者相互地抗衡），「差距」變明顯了。但只要回到之前的大日本麥酒的話，市占率就會超過五成，並超越麒麟了。

如果要合併的話，現在是最好的時機，於是山本開始進行交涉。札幌啤酒則是由松山茂助社長代表。一九六三年二月，合併交涉接近尾聲，發表近在眼前。

但就在發表之前，部分報紙把合併交涉這件事當作頭條新聞報導。結果在三月二十六日，合併「撤銷」。因過度經濟力集中排除法使得大企業被分割，而阻礙大企業復活的卻是獨禁法。

「雖然慎重地向公平交易委員會提出合併的構想，但卻因為情報不小心被洩漏，在顧慮到公司內部、特約店，還有整個業界可能會產生的混亂，最後才決定『白紙還元（指完全撤回）』」（《Asahi 100》）。

合併交涉必須要慎重低調地進行，但卻因事前情報的洩漏而成為致命傷。而且可以想見，反對合併的人將資訊洩露給媒體也是可以想像的。

把特約店網絡開放給新加入的三得利，以促進自由競爭，另外，希望讓市占率超過五成的超大啤酒公司復活，以求能與持續擴展的麒麟對抗。

這一套劇本是山本寫的。但是在三得利開始販售啤酒的前一個月，這齣劇就散了。

事實上，為了規避獨禁法就需要推動自由競爭（開放三得利的特約店網），而所謂的朝日與札幌合併，就是必須要二合而為一。

但是，原本較為重要的合併卻失敗收場，最後只能推動自由競爭。假如合併能夠實現的話，那麼即使朝日的特約店網開放給三得利，只要札幌的特約店網繼續關閉，那麼經營方面受到的影響就會是有限的。

三年之後的一九六六年（昭和四十一年）二月，山本突然過世。在這之後，朝日的中島正義社長與札幌的松山茂助社長又重新開啟合併議題，但卻沒有達成協議。然後在一九六八年，朝日的市占率跌破二〇％大關。

去試看看吧

說到三得利，就讓人想到它是一間「去試看看吧」的公司。

「『去試看看吧』是三得利的DNA」（佐治信忠，三得利控股有限公司會長）的這句話，不管是過去還是現在都沒有改變。

最符合這句話的，就是發生在一九六一年（昭和三十六年）春天的那件事情。

三得利第二任社長的佐治敬三，將希望投入啤酒產業的想法，告訴了因病在家療養的鳥井信治郎。這個時候，創辦人就像在對自己的兒子說。

在《新奇的事與有趣的事——三得利．佐治敬三傳》（廣澤昌著、文藝春秋）有這樣的描述。

「『過去我為了威士忌而賭上性命，而你說想在啤酒事業賭上一賭。人生就是一場賭局。我不會多說什麼，想做就去試看看吧』。

之後，描寫信治郎一生的北條誠戲劇《大阪之鼻》，就有一場出現此名台詞的場景」。

信治郎在戰前曾投入過啤酒產業，有過失敗退場的經驗。雖然被當作美談而成為戲劇素材，但現實中，鳥井還是會對佐治投入啤酒市場而擔憂，在把後事委託給重要人物時也曾說過，「兒子（佐治）以後可能會因為年輕氣盛而亂來」。

這次交談後，也就是一九六一年五月三十日，信治郎辭去會長職位，將社長的位子讓給佐治。

然後，信治郎在一九六二年（昭和三十七年）二月二十日去世，享年八十三歲。

位於東京府中市的武藏野工廠在隔年一九六三年四月二十日完成。從四月二十七日開始販售啤酒。最後終於能投入象徵「去試看看」理念的啤酒事業，然後趁此機會，三月將壽屋更名為三得利。

開始販售生啤酒「純生」（第一代）是在一九六七年四月。除啤酒以外，再加上氣泡酒與新流派，啤酒類事業呈現黑字的是在二〇〇八年，而這是投入之後的第四十六個年頭。

朝日社長都出身銀行家的原因是？

住友銀行（當時）是在一九七一年（昭和四十六年），第一次派經營高層主管到朝日啤酒。住銀副總行長高橋吉隆在同年二月就任朝日啤酒的社長。

在那之後，歷經了延命直松（住銀前常務），有著重建馬自達汽車（當時是東洋工業）功績的村井勉（住銀副總行長），然後是主導生產暢銷商品「SUPER DRY」的樋口廣太郎（住銀副總行長），四代的派遣社長。

住銀是以重整，或是援助經營不善企業而聞名的銀行。其手法是，派遣優秀的住銀幹部到經營不善的企業。如果仍然沒有成效的話，那麼即使是讓企業與競爭對手合併，也會盡量避免發生經營失敗這最糟糕的狀況。

在以間接金融為中心，戰後達到經濟成長的日本產業界，銀行的支配力是非常強大的。另外對銀行來說，往來戶倒閉的這個狀態，可是關係到信用的大問題。現在或許很難相信，但起碼在一九八〇年代仍是如此。在過去，王子汽車工業與日產汽車合併（一九六六年），安宅產業與伊藤忠商事合併（一九七七年）。然後是對受到石油危機衝擊的，生產轉子引擎的馬自達汽車，伊藤萬等，則是派遣優秀人員協助重整（伊藤萬也就是受到伊藤萬事件[3]的影響之後破產）。

與麒麟的差距擴大，然後也被札幌超越，朝日的市占率屈居第三位。再加上同樣通路的三得利也慢慢地追了上來。

本來從住銀派遣高橋前往朝日的原因，並不是援助這件事。

即使經營陷入低迷，但身為名門的朝日可是「就算臭掉也是鯛魚[4]」。這個時候，還沒有面臨到經濟危機。

約在一九九〇年，樋口廣太郎向筆者說明了住銀派遣優秀經營人才到朝日的理由。

3　伊藤萬事件：日本在第二次世界大戰後最大的經濟犯罪事件，事件的中心企業是綜合商社伊藤萬株式會社，超過三千億日圓的資金在此事件中去向不明。而伊藤萬在事件之後，於一九九三年被住金物產（現日鐵物產）合併。

4　就算臭掉也是鯛魚：俗語，就算鯛魚已經腐敗了，但還是很多人爭著要。指朝日再怎麼糟糕，也還是朝日。

「因為朝日希望能跟札幌合併。而且剛好（高橋吉隆擔任社長的前一年，也就是一九七〇年）八幡製鐵與富士製鐵也成功合併為新日本製鐵（現在的日本製鐵）。這樣的話，同樣因過度經濟力集中排除法而面臨解體的朝日與札幌說不定也能合併，於是朝日向住銀提出，由高橋先生擔任社長的請求」。

高橋吉隆是擔任大日本麥酒的最後一位社長，是高橋龍太郎的長男。「住銀的高橋先生被派遣到朝日之前，比起住銀，朝日跟興銀（日本興業銀行。現在的瑞穗銀行）的關係更為密切，這是從主管那裡知道的。只要讓高橋龍太郎的兒子當社長，札幌承諾（合併）的話就不會有問題的。我想這應該是朝日的想法」，朝日前幹部指出。

嘗試從東洋經濟新報社發行的《會社四季報》一九七〇年新春號（一九六九年十二月發行）、春號（一九七〇年三月發行）、夏號（一九七〇年六月發行）、秋號（一九七〇年九月發行）、一九七一年新春號（一九七〇年十二月發行）的這五本當中，調查朝日啤酒的相關內容。然後，住友銀行作為朝日大股東登場的是從秋號開始。擁有四百萬股，居第五位。在夏號之前，包括住銀在內，大股東並沒有看到銀行的名字（至少記載於《四季報》上的）。五本的第一位都是第一生命，全都是一〇五七萬八〇〇〇股。「我進到朝日是在一九七二年，那時擔任顧問的有石坂泰三先生（歷經第一生命社長、東芝社長，在一九五六～一九六八年成為第二任日本經濟團體聯合會會長）」（朝日OB）刊載。

沒有進行季度決算的一九七〇年，夏號的大股東情報是參考一九六九年十二月的決算資料。秋號是參考一九七〇年六月的中間期決算。在一月到六月的這段期間，住銀成為了大股東。

而主要往來銀行有，五本都是記載「住友、第一、三井、三和、協和、興銀」。

當時在札幌啤酒公司內部，都稱高橋吉隆「少爺」，這樣稱呼他的大部分是老幹部。跟高橋一起擔任朝日的專務董事的還有前住銀常務的延命直松。

但還是協調不成，合併交涉又無疾而終。接著在一九六三年、一九六六年，總共「決裂」三次。無法像新日鐵那樣順利合併。

而且，自從不了解啤酒又出身銀行的社長成為經營的掌舵者後，朝日呈現如「尼加拉瓜瀑布」一般的衰退。

在舉辦大阪萬國博覽會的一九七〇年，朝日的市占率是一七．二％。隔年由銀行出身的高橋接任社長後則降到一四．九％，驟降了二．三％。接著一九七六年，同樣出身銀行的延命直松接任社長後是一一．八％。而第三任村井社長的一九八二年是一〇％，一九八四年則是破了二位數的大關，只有九．九％，然後在一九八五年最慘，跌到九．六％。

順帶一提，一九八五年的三得利，市占率是九．三％，這極小的差異，似乎能感受到三得利在背後呼吸。

朝日的裁員

在一九七一年至一九八六年，由住銀出身的人擔任社長的這段期間，朝日多少發生了些許變動，在麒麟、札幌、朝日這三個特約店系統下，市占率逐漸固定了下來。麒麟六成以上，札幌兩成以上，朝日與三得利兩間總計是兩成以下。將特約店當作上游廠商的通路支配力差異，會直接關係到各廠商的市占率，但唯一產生變動的是朝日系統。在兩間固定會有兩成以下的市占率當中，三得利逐漸成長，而朝日卻逐漸下降。

「朝日把屋簷借給了三得利，但最後卻被搶走主屋」的說法，讓朝日在業界成為了被揶揄的對象。

一九五三年，畢業於慶應大學法學部的瀨戶雄三，在同年進入了當時是名聲不錯的朝日工作，一九七〇年，從神戶分店的銷售課長晉升至總公司的啤酒銷售課長。當時，朝日市占率落後的主要原因，應該是為了要提高工廠的勞動效率，而對通路強行推銷，最後通路的庫存過多，導致消費者喝到了放置較久的啤酒。不新鮮的啤酒，當然就不好喝。

因此成為總公司課長的瀨戶，為減少囤積在批發商的存貨，把新鮮啤酒直接運送到酒商，所以在靜岡、愛知、香川、高知這四個縣，進行按地區分別販售的實驗。這是一九七一年的事。

在這四個縣推出收音機廣告，廣告請來了東映最受歡迎的明星高倉健來錄製。高倉健那句「給我喝杯啤酒吧」的代表台詞（這是模仿高倉健的熱門電影《昭和殘俠傳》中的代表台詞「給我死」）。再加上使用高倉健的肖像製作了好幾款海報。標題都是以「給我喝杯啤酒吧！真實的感覺，朝日啤酒」。能夠請到本來沒有意願拍廣告的高倉健的這件事本身，就起到了很大的成效。

但是卻花了七千八百萬日幣。附帶一提，一九七〇年大學剛畢業的社會新鮮人薪水，大約是三萬六千日幣。瀨戶雖然取得主管、也就是部長的同意，但部長卻沒有向董事會報告。因此，觸怒到一九七一年二月從舊住銀常務董事轉任朝日專務董事的延命直松（一九七六年起擔任社長），瀨戶只做了十個月左右就被降職，成為大阪的銷售課長。

不論是朝日還是麒麟，啤酒公司最重要的還是經營。瀨戶因為在朝日發源地的大阪拿到好的業績而出人頭地，但卻因為進行前所未有的挑戰，又被剛從銀行來的專務董事踢走。

這樣的狀況，朝日的老員工都看在眼裡。應該會有員工覺得「這已經不是之前的那個朝日了」。

無法與札幌合併，接連兩任的社長一職都由出身住銀的高橋和延命來負責經營。但就如前面提過的，朝日的營運是日趨衰退。

離開是地獄，留下也是地獄

然後在一九八一年，朝日進行開業以來的第一次裁員。裁員人數約五百人。雖然掛著「優退制度」之名，實際上卻是指定解雇。

這個時候的二十代後半的年輕業務員A，歷經了職場上最艱苦的日子。上班地點的都內營業所原本有七個業務員，但其中二位有經驗的，在四月接到指定（解雇）。離職日是在九月。從這兩個人被指定的隔天開始，七個業務在早上八點離開營業所，然後把車停在車站前的停車場，八點半時聚集在隔壁的咖啡廳。

留在公司的五個人，每天上午被迫聽著兩位前輩的抱怨。說公司壞話，說所長的壞話，然後感嘆「為什麼是我們兩個，我們又沒做錯什麼……」。

因為晚了三個小時才開始跑業務，所以A每天晚上九點到十點都還要去跟酒販商談業務。

而且在上午的這段時間，包括A在內的五個業務只能默默地，重複聽著前輩的抱怨。這三個小時真的很難熬。但同樣也讓A感到非常難過的是，必須要跟共事多年又在各方面都給予幫助的前輩分別。

一個月後，兩位前輩就像是商量好地這樣說：「非常謝謝聽了我們這麼多的抱怨。真的舒坦很多」、「離開的我們，未來雖然是艱難的，但你們也會很辛苦。離開是地獄，留下也是地獄」。

到了九月，兩個人離開公司。但是缺額卻不補，五個人要做七個人的事，留下的確也是地獄。

再加上此時，業績持續低迷的朝日，遭炒股投機者買下了所有的股票。

這是由一家總公司位於京都的醫療法人十全會所主導的。根據一九八一年，當時朝日相關人士的說法是「因為知道是十全會主導投機收購的，所以向十全會的監督官廳的厚生省（當時）提出申訴」。最後，在一九八一年十月，被十全會壟斷收購朝日股票中的一〇%，透過住友銀行總行長磯田一郎[5]的仲介，由旭化成收購了，這就是所謂的「十全會壟斷收購股票事件」。

因為這個緣故，旭化成變成朝日啤酒的最大股東。旭化成的經營高層是宮崎輝。一九六一年擔任社長，到一九八五年退下社長職位，任期長達二十四年之久。而在卸任社長，成為會長之後，實際上仍屬高層的決策者。除去大股東型企業的經營者之外，這樣能夠長期掌握實權的情形，這在大企業的業務型經營中是個特例。

一位朝日的前幹部，當時三十代後半的業務表示：

「將來說不定不是朝日啤酒，而是會變成旭化成的『旭（asahi）』啤酒了，大家邊喝啤酒邊討論著。譬如，公司在那之前會不會出事阿、我們拿得到資遣費嗎……等等，我們也會談論這些事。只不過，喝了啤酒之後，大家會變得很正向。因為無所謂吧。啤酒是一種會讓人變得有精神的酒」。

雖然當時的狀況很難繼續堅持下去，但到了晚上，業務員仍會一起喝喝啤酒，鼓舞一下自己。

在一九八〇年代前半，日本企業有著濃厚的終身雇用主義色彩[6]，然而朝日啤酒卻進行裁員，造成站在第一線的業務承受不少負擔。緊接而來的，是伺機而動的投機者們。

旭化成的宮崎輝是一個也被稱為實力派的男人。在旭化成變成最大股東後兩家公

5　旭化成：Asahi Kasei Corporation，是一家日本跨國化學工業公司。主要產品是化學品和材料科學，此外還經營紡織品、房屋、建材、電子、製藥和醫療等業務。

6　終身雇用：是日本泡沫經濟爆破前，企業正式員工享有終身受僱待遇的制度。

司共同合作，在人事方面相互交流。但此後，宮崎和朝日啤酒卻在檯面下不斷進行攻防戰，內容之後再敘述。

只要員工幸福就好

一九八二年（昭和五十七年）的年初，傳出在延命之後，還會有三任從住銀派到朝日接任社長的情報，從經濟誌及報紙「下任社長預測」的報導開始，煞有其事的被傳開。此時，就任總公司第一營業部長的瀨戶雄三，向社長延命提出，以「希望下一任的社長，能夠從自己的前輩，也就是朝日的元老中選出」為主旨的「請願書」，上面還有其他兩位部長的簽章。

市占率持續下降，裁掉五百名員工，再加上投機者壟斷收購股票，公司內部的氣氛相當低迷。為了突破此困境，將領導者不該是銀行出身，「而是讓了解啤酒，能凝聚向心力的公司元老來擔任經營決策者」的想法，明確寫在請願書上。這是來自賭上自己職涯的三位青年幹部的建議。但延命卻沒有做出任何回應。

只不過，數日後，出席京橋總社會議的瀨戶突然接到電話。對方是住銀副總行長，村井勉。

「有話想跟你談，可以來趟大阪嗎？」當天晚上，在大阪料亭迎接瀨戶的村井這樣說。「這次我去（擔任朝日社長）」。

瀨戶早已從新聞報導上預測到村井會出面，因此並沒有感到特別驚訝，但是他把在朝日所遇到的困境和所有想法全部說出。村井靜靜地聽著，在回程車上對瀨戶說：

「瀨戶，不管是誰當公司社長都不重要，只要員工幸福就好」。

要讓員工幸福的這句話，讓瀨戶深受感動。同時也認為：

「村井先生有替我們著想」。

因為村井曾以副社長的身分，重整因石油危機而面臨經營危機的東洋工業（現在的馬自達）而為人所知。

一九八二年三月，村井成為朝日社長。是住銀派來的第三任社長。而在一九七一年派至朝日的前二任社長，分別是住銀前常務董事、成為第二任社長的延命直松，與住銀前副總行長、第一任社長的高橋吉隆，他們兩人的任務都是將因 GHQ 而分割的朝日與札幌合併。但合併並未成功。因此，村井的任務就純粹是重整朝日。朝日的環境已經改變，即使同樣是住銀出身，但目的也是會改變的。

邁向復活的助跑

村井首先與第一線員工溝通，他拜訪了包括公會、工廠及研究所，全國分公司及分店。此作法當然能給第一線帶來活力。「過去的社長可是高高在上的，但這次的村井先生卻願意到第一線現場交流。公司的氣氛變得完全不一樣」，一位當時的年輕員工如此證明著。

但雖然如此，業績也不可能馬上就提升。

村井就任後的一九八二年，朝日第一次跌破一〇%大關。從一九八一年的一〇．一%跌至九．七%。減少了〇．四%。

就在馬自達提出轉子引擎這項創新，業績才剛要快速成長的時候，發生了第一次石油危機，是一場影響全世界「難以預料的狀態」。因突發的外部原因而面臨經營危機。

相較於此，朝日的外部環境並沒有太大變動，但經營仍一點點的惡化。大部分的問題是出在內部。太晚將銷售重心轉移到家庭用、與札幌的合併交涉屢次落空、開放特約店往給三得利，以及讓對啤酒產業一竅不通的銀行界人士長期經營……。

巡視過第一線的村井，立刻著手制定「經營理念」。以由十位部長組成的委員會為中心，大約花費了四個月的時間才完成。經營理念是以「消費者取向」、「品質取向」、「尊重人性」、「勞資協調」、「共存共榮」、「社會責任」的六個項目為主幹。在同一時期，為了促進產品開發，毅然決然的進行組織改革。

但不論是哪一間公司，原本就會像這樣制定經營理念以及進行組織改革，如此仍不足以讓公司有所改變，更遑論誕生出暢銷商品了。

除了正式組織外，村井也安排了一個能讓總部的部長層級交流的非正式「場域」。以博覽群書聞名的村井，邀請了總公司的十多名部長，在當時位於大田區大森的研習中心，舉辦每月一次的「讀書會」。

參加者當中的一位，是這樣說的：

「讀書會只是個名目，其實都是在喝酒。不會只在研習中心的讀書會之後就結束，還會到大森車站附近的燒烤店，一定會有第二次、第三次的續攤。村井一定會陪到最後，偶爾還會請客。雖然不是高尚的讀書會，但過去沒有什麼交流的部長們，能夠一起把酒言歡也很不錯。因為能夠知道大家的想法，聽到真正的心聲」。

即便會有激烈的討論，偶爾也會有情緒性發言，但為人敦厚的村井卻不會插嘴，讓部長們能夠暢所欲言。

村井的想法是，「中間管理職跟使用米糠來醃漬蔬菜一樣，需要經常翻動才可以。」總公司的部長們被村井翻攪著。

而且村井也欣賞身為工會書記長的泉谷直木（後來的朝日啤酒社長、朝日控股公司社長）的能力，讓他升任成為引進ＣＩ（企業識別）的負責人。村井在一九八五年十月發表「ＣＩ宣言」。

朝日在一九八七年三月開始販售的「SUPER DRY」大受歡迎，達成奇蹟式的復活。催生「SUPER DRY」的契機，可以說是在一九八二那年，從村井剛就任社長就已經開始了。

03

開創獨特性，人氣商品的誕生！

阻擋在麒麟前面的獨佔禁止法高牆

戰後的麒麟採取以家庭用為中心的戰略，讓商品能深入到一般家庭的冰箱，而市占率也因此節節高升。因應一九六〇年代，啤酒需求量大增，麒麟除了增建了工廠外，也積極在設備方面投資。

跟日本高度經濟成長成正比，麒麟成長的速度也是相當地快。

在沖繩歸還日本的一九七二年，麒麟的市占率高達六〇・一％，終於突破了六十大關。從一九七二年到一九八五年的這十四年當中，麒麟的市占率（基本銷售）經常都是超過六成的。最高的是一九七六年的六三・八％。一九八六年也有五九・九％，幾乎都維持在六成，所以獲得壓倒性第一的時間，實質上應該是連續十五年，但因為一九七一年的市占率也達到五九・五％，所以也可說連續十六年都是位居第一。

但是在這個階段，麒麟似乎陷入了銷售額停滯的狀況。這是因為一九七三年以後，牴觸到獨佔禁止法（後文簡稱為獨禁法），公司面臨被分割的危機。

麒麟不可能獲得國家的資助，所以無論如何都要靠企業的努力來獲得高市占率。但卻因為獨禁法而讓麒麟難以發揮。

「努力就會獲勝。但勝利卻以被分割之名，引導我們走向破滅」（七〇年代加入公司的麒麟前幹部所描述的狀況）。

當時之所以長期維持著麒麟占六成以上，札幌兩成以上，朝日與三得利總計占兩成以下的市占率，大概也是因為麒麟受到獨禁法影響的緣故。

假設沒有獨禁法的限制，麒麟的市占率應該會更高。在以籌備軍事費用為目的而徵收啤酒稅的戰前，大日本麥酒的生產量率（與銷售率差不多）占七五％。只不過，大日本麥酒公司因合併而擴大規模，所以旗下有「札幌」、「惠比壽」、「朝日」等好幾種品牌。但相較於此，唯一能與大日本麥酒公司抗衡的三菱體系下的麒麟，戰後還是以「麒麟拉格」這一款取得六成的市占率。由此可知，戰前的大日本麥酒與戰後的麒麟作法是不同的，麒麟是從八〇年代開始才拓展多項品牌的。

拉格的繳納調整

一部分的麒麟所屬的批發商代替麒麟，開始會挑選酒商。「拉格」處於需求多於供給的狀況，所以必須在某個階段進行調節。

啤酒類市場規模

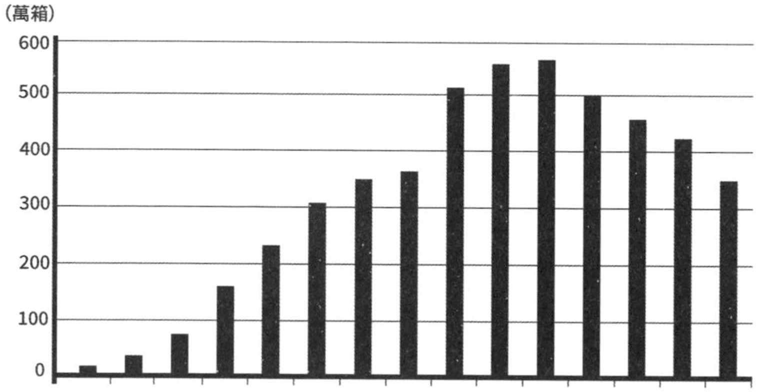

啤酒類市占率演進

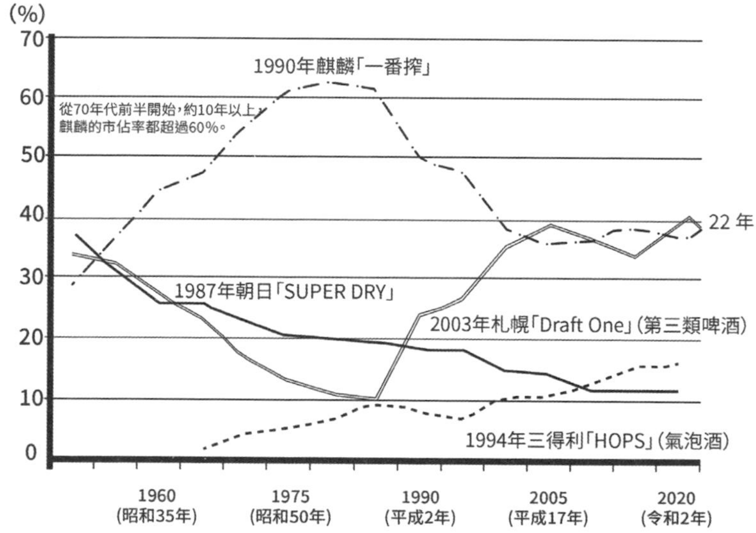

根據作者採訪資料作成(~2020 年)

在九〇年代前半的當時，酒類零售執照只會發給酒商，全國的酒商大約有十五萬間（順帶一提，在新冠肺炎疫情前的二〇一八年，大約有三萬七千零八十六家。其中大部分都是以配送酒類飲料至餐飲店的業務為主）。只要具規模的餐飲店會進啤酒，那麼銷售量高的酒商，就會積極地向批發商進「拉格」。但相反的，銷售量少的酒商，或是與舊大日本麥酒關係較好的酒商，就會調整減少「拉格」的進貨量。

「因為這樣，麒麟被某些特定酒商不滿」（同麒麟前幹部）。

不論如何，啤酒業界是以握有超過六成市占率的麒麟生產計畫為中心而運轉著。而且長達十四年之久。

長銷款的強處

為何麒麟從一九七〇年代前半到一九八〇年代中間為止，能夠維持超過六成以上的市占率呢？

到了一九八〇年代後半，麒麟與擁有「百威」的安海斯・布希公司（現在是安海斯・布希英博集團＝AB InBev）、荷蘭的海尼根，成為全世界前三的超大型啤酒公司。

麒麟的高市占率幾乎都是靠「拉格」這款啤酒拉高的，而朝日前社長的樋口廣太郎在擔任社長期間的一九九一年，曾告訴筆者下面這段話：

「戰後出生的團塊世代都會喝拉格，所以才能維持六成的市占率。也因此，團塊世代第一次喝的啤酒，就是當時最暢銷的麒麟拉格啤酒」。

所謂的團塊世代，是指在戰後一九四七年至一九四九年的這三年出生，大約有八百萬人的「塊（人口稠密）」。正因為團塊世代的人數很多，所以在小學運動會，以及高中及大學考試，同儕之間的競爭十分激烈。只不過在就職環境就相當幸運了。一九七三年秋年，在石油危機發生之前，日本的景氣持續上揚。因此，不論是高中畢業還是大學畢業，大部分都能進到大企業工作。關於這一點，就跟團塊世代的小孩，也就是團塊二代，他們所面臨到的就職冰河期大不相同。是否會出人頭地當然因人而異，但生於團塊世代的人，基本上生活無慮。

此世代的人在成為大人後，最暢銷的啤酒是「拉格」，因此第一次喝的啤酒當然就是「拉格」了。他們支持「拉格」的結果，就是讓麒麟的市占率超過了六成。甚至讓這超過六成市占率的成績保持了好長一段日子。而且是在跟獨禁法並存的狀況下。

一到居酒屋，這句「先來杯啤酒」的慣用語，可說是團塊世代為「拉格」而誕生的固定用語。

那些因團塊世代的喜愛而茁壯的熱銷產品，大概就是HONDA N360、SONY產品和麒麟「拉格」吧！

在啤酒業界，會以「格列佛與三個小人」等來揶揄。

畢業於九州的工業高中，在一九七一年進到大型汽車公司的H，隸屬於引擎的排氣測量工程部。和現在不同，那是在沒有指導手冊也沒有教育訓練的時代，只能跟著前輩，偷偷地學習他們的技術。

前輩大多是五、六十歲的團塊世代。他們每個人都很嚴厲，有時候還會把扳手丟過來，非常生氣地斥責。H說「前輩非常了解，要怎麼丟扳手才不會打到人」，他們要求在工作時必須隨時保持緊張感。因為一點失誤，工廠就可能會發生重大事故。

但白天像魔鬼一樣嚴厲的前輩們，到了晚上一定會帶他們去喝酒。全都是前輩們請客，有些前輩還會和我們說明，白天到底是為了什麼而生氣。

像這樣將工廠第一線的技能傳承了下來，而放在他們每天晚上常去的居酒屋桌上的啤酒，聽說是斜肩瓶。

順帶一提，麒麟是斜肩瓶，其他三間公司都是平肩瓶（也稱為聳肩）。另外，寶酒造啤酒也跟麒麟一樣，都是斜肩瓶。

優勢帶來負面影響

長期處於優勢狀態，最終是會帶來不好影響的。

不需要嘗試新的挑戰，也不用努力，麒麟就能輕鬆獲勝。不是因為個人及組織的實力，而是因為酒商將啤酒配送到一般家庭的機制早已底定，還有就是「啤酒就要是麒麟」的某種「潮流」才能居於優勢。

外表是高市占率，穩定的財務狀況，但其實在內部，不知從哪時候開始，缺少對公司組織來說最為重要的「活力」。

啤酒公司的主要舞台就是銷售，所以推銷就是工作。但對麒麟來說，要是認真去跑業務而賣得更好的話，那麼最後可能會因為獨禁法而讓公司被分割。所以業務根本不用推銷「拉格」，因為每一家酒商都賣得最好。再加上，批發商相繼送茶、送咖啡給麒麟的業務員，拜託他們「多一箱也好，請把拉格送到我們這裡」。結果，麒麟業務員的工作已不再是本來應該做的「推銷」。反而是「調整」應該分配多少數量給哪一間批發商，以及決定數量的「通知」變成了他們的工作。

也就是說，麒麟的業務員變成「用老大心態做生意」，也不再去那些會與顧客有交集的酒商和餐飲店了。換句話說，業務員毫無成長。

順帶一提，因為市占率超過六成，所以麒麟的工資也比舊大日本麥酒旗下的兩家公司要高很多。

勇猛善戰的朝日業務員

正好與穩居高市占率的麒麟相反，朝日的業務員東奔西跑的「到處拜訪客戶」。不只是批發商，就連酒商、居酒屋及食堂等的各式餐飲店、電影院，各類型的劇場、酒吧、歌廳、特種行業等。只要有販售啤酒的地方，朝日的業務員一定會去拜訪。

朝日難以吸引一般家庭的目光，其銷售量當中的大部分都是餐飲店等的營業用。

當時的啤酒市場，家庭用大概占七成，而營業用的大約占三成（順帶一提，新冠肺炎前的二〇一九年，啤酒、氣泡酒、第三類啤酒等啤酒類當中，家庭用占七五％，而營業用的占二五％。營業用的大部分都是啤酒）。因為朝日只在占三成的市場上奮戰，所以銷售率很難增加。工廠的運轉率低，前面未賣掉的啤酒成為流通的庫存。

在此狀態下，必須想方法預防市占率下降。因此，朝日的業務負責人直接拜訪酒商。鎖定麒麟「拉格」原本配送到一般家庭的二十瓶大瓶（六三三毫升裝）裝的啤酒箱，他們從中抽出一瓶，換成朝日啤酒。偶爾換個兩三瓶，再大膽一點，啤酒箱的四個角落都換成朝日啤酒，有人稱他們為「精明能幹業務員」（當時在朝日公司內部，稱此為「四角作戰」）。

負責世田谷的業務員平野伸一（一九七九年進公司，之後成為朝日啤酒社長）把四個角落換成「冰涼的朝日啤酒」，平野把貨物搬到小型貨車上，然後要求配送員能對負責收貨的店員說「為了立即飲用，所以放了四瓶冰過的」。這必須靠業務員經常到酒商拜訪，並在建立了良好的人際關係下，才可以辦到的推銷手法。

「酒商的婚喪喜慶一定要出席」。得到前輩們的建言，年輕的平野確實跟著照做。

聽說，特別是在守靈及喪禮，連沒有販售朝日的酒商在內，也都一定會參加。此時的地區酒商工會具有相當的勢力，工會的幹部們每次都會看到平野穿著正裝燒香參拜。「跟現在的年輕人不一樣，平野君真的讓人很感動，不管是誰都一視同仁。乾脆來經銷朝日啤酒好了」。

負責土浦的業務員，每天一早就會去位於市區的「特別劇場」。坐在舞台前面的位子，一開始是和站著叫賣的大叔混熟，也打好和經理的關係，接著再提議希望把現在販售的啤酒換成朝日，結果得到「可以喔，哪一種啤酒都沒關係。客人又不是為了要喝啤酒才來」的回答。

因為獲得經理的欣賞，終於被允許進出後台，而這位業務員就成了舞者們的偶像。為了偶像，舞者們會在常去的餐飲店說「我啤酒只喝朝日的，幫我換掉」。這個結果，讓土浦的朝日市占率一股作氣的提高了。

像這種勇猛善戰的業務員，在朝日並不少見。

在當時的朝日業務部隊中，仍保有業務員在從事業務工作時所蒐集到的餐飲店及酒商等詳細的資料。包括家庭構成、經營者的興趣、擁有最後決定權的人（也有是祖母下決定權的店），還有包括居民委員會在內的，外部人際關係等。這是負責業務的人，一代傳一代所承襲下來的情報，禁止外流，但在部門內卻能共享。

與困境中成長的人共事

後來成為朝日啤酒社長的萩田伍，在一九八二年成為關東分店的銷售課長。在關東地區，麒麟跟札幌都居於優勢，而在東京與群馬縣都有設置工廠的三得利也將勢力擴展至此。雖然在關東地區擁有龐大的市場，但對朝日來說這裡也是遭遇困境的地方。

關東分店的業務，只在星期一早上的業務會議才會碰面。到下週一之前，業務們各自在負責的地區推動業務，然後在當地過夜。萩田也曾到現場巡視，每天早上六點，從自己投宿的公共電話，一個一個打去下屬住宿的地方。所以他在小布袋裡裝著很多的十元日幣。

「嗨，還好嗎？」、「啊，早安……」光從聲調就能瞬間知道話筒另一端的下屬狀況。「是不是有讓你煩惱的事情」。完全不去問業績跟數字，而是重視與部下的溝通，希望能夠提高團隊凝聚力。

從二〇一九年起擔任朝日啤酒社長，而從二〇二三年開始擔任公司會長的塩澤賢一，是在一九八一年進公司的。在一九八五年，從朝日居優勢的京都分店轉調至關東分店，負責栃木縣北部。跟在京都的時候相比，業務的推動會比較吃力。「怎麼樣，塩澤，沒問題吧……」萩田每天早上都會打電話給最年輕的業務塩澤。

「接到萩田的電話，真的幫了我很大的忙。因為我有一位，就算再怎麼辛苦都會關心我的主管。」塩澤如此說。

「雖然市占率往下掉，但在四間公司當中，我覺得我們的業務能力最強。」萩田這句話應該是真的。越是艱困的環境，越能培育出優秀人才與團隊。

俗話說「富裕家庭不會有孝子」，這正好與麒麟的業務部門相反。

洋酒和啤酒的銷售差異

一九六三年，加入啤酒事業的三得利，在一開始就不得不面對嚴峻的現實考驗。因為和他們的強項，洋酒事業是完全不同領域。在《求新求變——三得利百年歷史》（三得利股份有限公司篇）中：

「『晚上去酒吧推銷，遇到酒吧人手不足的時候，主動到吧檯後面幫忙洗杯子的人，可說是不勝枚舉啊』。

聖誕節前，新宿開了一間MAMMOTH酒吧。負責業務的人，連大衣也沒穿就站在店門口發廣告傳單，用力宣傳到聲音都啞了」（啤酒業務員的心聲）。

投入與輕鬆就能做成生意的威士忌業務毫無關係的啤酒事業，現實是相當地嚴峻。市場不會那麼簡單就接受的。雖然有推銷到酒商的銷售管道，但實際上願意經銷三得利啤酒的酒商非常少，開拓是很辛苦的。洋酒業務員去拜訪熟悉的客戶，有時候甚至還會有人請吃飯，但啤酒業務員卻是連一杯茶都沒有，對應的態度真是天差地別。在又是發傳單又是洗杯子的艱苦奮鬥中，總算讓店家願意賣三得利啤酒，這可是業務員抱著必死的決心才有的成果。

曾為朝日社長的山本為三郎，讓三得利可以使用朝日的特約店網絡。在一九六三年四開始投入啤酒市場（開始銷售）時，包括中途錄用[7]在內，在東京與大阪設置了合計約一百人的啤酒業務部門。但在同年六月陷入意料之外的苦戰，從業務以外的部門，又有大約二十名員工投入業務第一線。通稱「新撰組」[8]，但「連續好幾天，即使到了半夜還手拿著地圖、名片，到店家推銷業務。努力到廢寢忘食」[9]。聽說在四個月之後，新撰組的成員就直接被分配到啤酒業務部門了。

一九六九年的生啤酒爭論

麒麟、札幌、朝日這三間公司，在明治時期從德國學習釀造啤酒的技術後，開始了啤酒事業。相對於這三間公司，三得利不同之處在於，它是以丹麥嘉士伯（Carlsberg）的生啤酒為原點。

在投入啤酒事業的準備階段，也就是在一九六一年五月剛就任第二代社長的佐治敬三，在九月的記者會發表「投入啤酒事業」。之後沒多久，帶著幹部前往德國、比利時、丹麥，試喝了超過一百款的啤酒。最後選擇了嘉士伯啤酒。

「『純淨且溫和』還有『能引進日本的啤酒，應該只有這款啤酒了』，讓佐治等一

7 中途錄用：指錄用過去在其他公司有工作經驗的人。

8 新撰組：德川幕府末期為了對抗尊王攘夷派勢力及反幕府浪士而設立的武裝集團。

9 出自《求新求變——三得利百年歷史》（三得利股份有限公司篇）。

行人都非常認同」[10]。

投入啤酒市場的隔年，一九六四年三得利開始販售以玻璃瓶裝的生啤酒「瓶裝生啤」，調整方向改走生啤酒路線。

然後在一九六七年四月開始販售「純生」。在過濾程序使用了美國NASA開發的，稱為微粒過濾器的特殊濾紙。微粒過濾器能篩除掉混入火箭燃料的細微雜質，使用最先端的濾紙，或許就能過濾掉發酵結束後，殘留在啤酒中的酵母了。

不需要進行低溫殺菌，就能夠保有新鮮生啤酒的美味，而且也延長了保存時間。但就算採用微粒過濾器，要是整個工廠不保持清潔，避免生產線有雜菌進入，否則引入這項新技術就沒有任何意義了。以引進微粒過濾器的最先端技術為契機，讓生產第一線竭盡全力的奮鬥。在二〇〇〇年代，全工廠實現了DRY（乾燥）工廠這個目標。工廠內的地面、牆壁，以及工作流程中的所有管道，徹底除去像是水滴和濕氣等任何水份。從根本來預防雜菌及微生物的產生。

「純生」十分地暢銷。一九六六年，原本市占率只有一．七％的三得利，在開始銷售「純生」的一九六七年，市占率上升至三．一％，而在一九六八年更是提高至四．三％。

競爭對手也投入瓶裝生啤的市場。一九六八年朝日開始銷售「本生」，自「純生」開始銷售後，經過了十年的一九七七年，札幌也開始銷售「瓶裝生啤」（現在的「黑標生啤酒」）。

然後在一九六九年，爆發了所謂的「生啤爭論」。朝日的「本生」因為沒有經過低溫殺菌（加熱處理），因此是以「有生酵母的啤酒」出貨的。相對地，三得利的「純生」則是經過微粒過濾器的過濾，所以啤酒內並沒有酵母。正因為如此引發了「那就不算是生啤酒」的爭論。

這個「生啤爭論」持續了十年之久，直到在一九七九年，業界終於對「生」的定義達成了協議。日本公平交易委員會公告「生啤酒、精釀啤酒」是「沒有經過加熱處理的啤酒」，才終於結束了這場爭議。「確定生啤酒的定義是在昭和五十四年。『生啤酒以及精釀啤酒＝只要是沒有經過加熱處理的啤酒，就能夠標示為生啤酒或者是精釀啤酒』（日本公平交易委員會公告第六〇號）。看來是全面認同三得利的主張」[11]。

10 同前註。

11 出自《求新求變——三得利百年歷史》（三得利股份有限公司篇）。

在一九七一年進入三得利，被安排到啤酒業務部門的田中保德，曾經跟筆者這麼說。「威士忌的業務員穿著筆挺的西裝，腋下夾著資料袋，英氣風發的出去跑業務。相較之下，我們啤酒業務員卻是穿著白底紅字，寫著『三得利純生』的法被[12]，小貨車上載滿整箱啤酒，到處去拜訪酒商。有時候會覺得，都是同一間公司，怎麼差這麼多」。

一九七四年，從京大研究所畢業後進入公司的中谷和夫，被安排到啤酒基礎研究部門。當時，啤酒研究部門的技術員們，習慣到京都山崎車站前的小酒館喝一杯。一進到店裡，意外遇到威士忌研究部門的技術員們。然後，對方總以狂妄自大的態度說「趕快讓啤酒賺點錢吧」。年輕的啤酒技術員也不想服輸，回嗆說「每天都做同樣的事，身為技術人員難道不會覺得丟臉嗎！」最後吵成一團。但再怎麼看，當時的形勢對啤酒陣營來說不是太妙。

目標是市占率百分之十

「只要市占率達到一〇％，就會有盈餘」。在剛加入啤酒市場的三得利公司內部，不知道從什麼時候開始，流傳著這樣的謠言。

當然，這只是一個標準而已。因為根據廣告宣傳費及促銷活動費用的多寡，以及設備投資及償還狀況等，盈虧平衡點也會改變。而且，市場的規模也會有變化。在三得利投入市場的一九六三年，包括TAKARA在內的五間啤酒公司，總銷售量約一億三千一百九十八萬箱，一九八四年有三億六千三百五十七萬箱，經過大約二十年的時間，擴一．七五倍。即便同樣都是市占率一〇％，銷售量也差了將近三倍。

在這一段期間，日本的經濟不光是歷經六〇年代的高度經濟成長，而且還遇上了兩次石油危機。

啤酒超越日本酒（清酒與合成清酒的總和），成為消費量第一的酒類是在一九六〇年。而這一年，池田內閣發表「所得倍增計畫」，啤酒消費量大幅地增加，正好符合戰後的高度經濟成長。

有八百萬人的團塊世代，要到一九七六年才會成為允許飲酒的二十歲成年人。團塊世代中的大部分人，比起日本酒更支持啤酒，而這應該與消費量擴大也有關係。

如前面所述，麒麟從一九七二年到一九八五年，連續十四年拿到超過六成的市占

12　日本傳統和服之一，像外套式的上衣。

率。麒麟在獨占鰲頭的期間，消費量還是持續擴大，一九七二年二億六千三百三十八萬箱，一九八五年有三億六千六百九十五萬箱，市場擴大了一．三七倍。在此同時，麒麟、札幌、朝日、三得利與各特約店的市占率幾乎已經固定了。

一位前幹部這樣說「每年只要增加一％的市占率，那麼十年就能達到一〇％」。當初在三得利公司內部應該就是這樣估算的。但現實並不是那麼順利。即便如此，在一九八四年三得利拿到八．九％市占率。同年，朝日取得九．七％，兩家公司的市占率差距，縮小到只剩下〇．八％。

朝日賣給三得利？

在一九八四年，爭誰是第三位的攻防戰不斷發生，而在此同時，檯面下似乎有些動靜。那就是朝日打算「轉讓」給三得利。負責居中斡旋的是當時的住友銀行。

一九九六年七月，退下朝日會長職位的樋口廣太郎，是這樣告訴筆者的。

「我來朝日啤酒（一九八六年）的真正理由並不是為了重整。其實是為了結束才來朝日的。磯田先生（磯田一郎，舊住友銀行前總經理、會長）向佐治先生提出轉讓朝日的想法，但最後卻無疾而終。應該是一籌莫展了吧，磯田先生要我當拉上布幕的人，所以才送我到朝日的。而這才是真相」。

即使是在說一些很重要的事情，樋口仍一付滿不在乎的表現，而且看起來很開心又明朗愉快的樣子。只要稍微地注意，就會發現自己已經被樋口散發出的強烈氣場所包圍，不是一次兩次而已。此外，樋口是一位不會「因為是大間報社的記者」或是所屬名氣等背景，而對記者有差別待遇的經營者。

另外，在樋口之後，從一九九二年九月到一九九九年一月為止，擔任朝日社長的專業推銷員瀨戶雄三，於二〇〇二年四月二日（當時擔任顧問期間）接受了筆者的採訪，承認了拉下布幕結束營業的這個事實，他說「應該真的有這樣的事」。

根據樋口本身在日本經濟新聞連載的「我的履歷表」，內容提到在一九八四年後半，「磯田一郎會長向當時三得利的社長，佐治敬三提出業務合作的建議。佐治先生卻以『向掉到水裡的狗遞出棒子是愚蠢的』來譬喻，然後非常果斷地拒絕了」（二〇〇一年一月三日）。

事實上這已不是業務上的合作，而是提出收購建議。

對朝日來說，跟札幌的合併已經失敗了好幾次。市占率超過六成的麒麟，絕對不會因為獨禁法的關係，而去接受有助於提高市占率的朝日。就算麒麟有著優良財務體質，而且資金寬裕。

一九八五年二月，自從大日本麥酒開始就存在的吾妻橋工廠（東京都墨田區）關閉後，把工廠土地賣給墨田區（之後買回了一半，建蓋總公司大樓）。公司急著將資產分開拋售，將在群馬縣東部的邑樂町，超過十年以上的寬廣新工廠建設用地，賣給富士通旗下子公司。

作為企業重整的王牌村井，他是曾被派到東洋工業（現馬自達）進行重整的功臣，就算有村井，別說要提高朝日的市占率了，反而下降。村井雖致力於改革，如召集總公司部長級來組成讀書會，以及著手引進CI等，但卻看不到成效。最初以和札幌合併為目的而成為朝日的主要往來銀行的住銀，現在只剩下清算朝日的選項了。

阪神勝利！

然後是命運的一九八五年。如果繼續維持這種狀況的話，三得利可能會爬上第三，而朝日則會掉至第四位。但這時發生了意想不到的事。

「幸運女神」突然找上了朝日。

那是在一九八五年四月十七日晚上的阪神甲子園球場。阪神隊的中心打者第三棒伯斯、第四棒掛布雅之、第五棒岡田彰布，在巨人隊王牌投手慎原的投球下，連續揮出三支全壘打。這不是簡單的三連發，而是連續朝同一方向轟出的三支全壘打。

當時在甲子園球場販賣的啤酒就只有朝日。而以三連發轟出綠屏外而取得先機的阪神，在整個賽季都獲得了優秀成績。時隔二十一年榮獲中央棒球聯盟優勝，並在職業棒球日本錦標系列賽打敗西武隊，贏得日本第一。

觀眾席全滿的甲子園球場，接連好幾天的朝日啤酒都大賣。另外，在球場外售有「加油！阪神虎」的罐裝啤酒，一直以來是朝日獨賣，相較於過往賽季低迷的買氣，卻在一九八五這年銷出了四倍以上的好成績。

「到現在我還是覺得幸運女神在一九八五年降臨了朝日。誰能想到阪神會優勝呢。不論是怎樣的狀況，只要拚命努力就一定會有好事發生。所以絕對不能夠放棄」（當時的業務幹部）。

阪神贏西武那一年的十一月，三得利社長佐治敬三對啤酒部門的員工們下達以下的指令：「明年再好好的幹，今年不必太勉強」。

一九八五年的市占率，三得利要比前一年上升〇・四個點，有九・三％，而朝日跌落〇・一個點，最後得到九・六％。市占率只差〇・三，幾乎是「並行」狀態。銷售量的話，朝日是三千五百零五萬兩千箱，三得利則是三千日百二十六萬箱，差距只有七十九萬兩千箱。

要是佐治有心的話，在忘年會或是聖誕節等需求期間多賣個八十萬箱應該是沒有問題的吧。但之所以沒有再加把勁，主要是因為拒絕了磯田的「拜託」吧。透過跟住銀的交涉，佐治其實很清楚朝日正面臨經營危機。

三得利的技術部門，當時是三十代的幹部因為不知道事情的來龍去脈，所以很單純的對指令有「有機會超越的時候，不就應該要去超越嗎」的想法。

因為商場就是一個講求勝負的世界，「要是那時候」是禁語，敢使用「ＩＦ」的話……。如果三得利在年末真的出貨八十萬箱的話，那麼跌至第四位的朝日恐怕就再也無法翻身了。實際上，當時的幹部們異口同聲地說「如果朝日一九八五年吊車尾的話，可能就結束了吧」。業務第一線已經疲乏，早就到了極限。

就算這樣，還是苟延殘喘的忍耐當最後一名，就在阪神奇蹟優勝的兩年後，又開啟了另外一條通往奇蹟的橋樑。

年輕愛好者追求的清爽啤酒

村井讀書會的另一項產物，就是大規模的消費者偏好調查。從在讀書會中，有人提出「應該回到原點，找出客人真正追求的啤酒」的意見開始，一九八五年秋天，在東京與大阪進行大約五千人的試飲以及問卷調查。

這個時期，ＣＩ（企業識別）計畫也有所進展，因此在調整啤酒風味的同時也重新設計商品標籤。於是在一九八五年的年初，成立專案團隊來重新審視啤酒味道。雖然想要進行調查，但沒有多餘資金的朝日，只能讓員工站在銷售店前面，以路過行人為對象，自己來進行調查。

調查之後所得到的假設，就是「大部分的啤酒愛好者都喜歡清爽且容易入口的啤酒類型。而此傾向在二十代及三十代更為明顯」。原因應該是與日本人的飲食習慣的變化有關。每一世帶的油脂購買量，從一九六〇年開始，一直到一九八〇年的這二十年當中，大約翻漲了兩倍以上。飲食西洋化，大家開始喜歡像是漢堡及牛排這種高油脂的食物。

「將來應該還是以油脂含量高的飲食為主吧，才會追求清爽，喝不膩的啤酒。具體來說，就是以百威為代表的美式啤酒。但日本從明治時期開始，就一直都是以苦味較為強烈的啤酒為主」（當時的朝日幹部）。

就如前面提過的，日本的啤酒產業是從明治時期，向德國學習釀造技術開始的。德國的啤酒是百分之百以麥芽釀造，醇厚為其特色。包含朝日在內，日本啤酒公司所生產的啤酒，都偏向口味較重的德式啤酒，這與調查所掌握的消費者偏好相差很多。

以調查結果做為參考，朝日在一九八六年二月十九日，開始販售生啤酒「朝日生啤酒」（通稱「MARUEFU」或者是「KOKU KIRE（味道有層次，清爽）」）。比起過去的朝日生啤酒，「MARUEFU」有了非常大的創新，不但使用新酵母，而且使用高品質香草啤酒花及嚴選麥芽。融合了「有層次且清爽」的風味，這就是它的特色。因為在一月引進了CI，所以朝日生啤酒是第一個在商品標籤上使用品牌符號的。

一九八六年初，擔任住銀副總行長的樋口廣太郎成為朝日的顧問。之後，主導一連串改革的村井在三月退位，改由樋口擔任社長，而村井轉任會長。剛開始販售「MARUEFU」時，正是村井擔任社長期間的第四年。

在創業後的第九十七年銷售的「MARUEFU」，會在這個時候做出最後的反擊，令人感到有些不可思議。

難道說，是五千人試喝調查有了成效，讓「MARUEFU」賣得相當的好。另外，啤酒廣告也請到職業高爾夫球選手的青木功，以及Jumbo尾崎。「味道有層次，而且清爽」的廣告詞大受好評，在一九八六年，朝日的銷售量要比前一年多出一二．〇％。實際數量則是增加了四百一十八萬六千箱，總共是三千九百二十四萬八千箱。因此，一九八六年朝日的市占率達一〇．一％，事隔五年，朝日的市占率終於是二位數了。

販售。

三得利「MALT'S」、麒麟「HEARTLAND」

一九八五年底，沒有勉強採取攻勢的三得利，在隔年一九八六年三月四日，推出了百分之百純麥芽釀造的生啤酒「MALT'S」，其定價不以高單價而是以一般價格販售。

本來三得利在一九六三年投入啤酒事業時，是希望能以口感綿密滑順的丹麥式啤酒為目標，但因為「MALT'S」的推出大大改變了啤酒的發展方向。三得利的啤酒是當時在四間啤酒公司中最偏向德式啤酒。截至年底，「MALT'S」總共銷售了一百八十四萬九千箱。作為新產品，能在第一個年度就能賣出一百萬箱以上的，「MALT'S」算是最初，也同時刷新了新產品第一年的銷售新紀錄。

一九八六年的三得利實際成績，跟前一年相比，增加了四・三%。實際數量則是增加了一百四十七萬箱，總共有三千五百七十三萬箱。市占率為九・二%。一九八五年朝日與三得利的銷售箱數的差距是七十九萬二千箱，而在一九八六年，差距拉開至三百五十一萬八千箱。

麒麟也在一九八六年秋天，開始販售百分之百純麥芽釀造的生啤酒「HEARTLAND」。使用綠色的專用啤酒瓶（五百毫升），瓶身沒有「KIRIN」的標誌，也沒有聖獸「麒麟」的圖案。而且麒麟在一九八六年十月至一九九〇年十二月期間，於現在六本木新城的建蓋預定地開了一間「HEARTLAND 啤酒主題餐廳」。

啤酒「HEARTLAND」成為只在這間啤酒餐廳供應的啤酒，而這是它最早被商品化的時間點。HEARTLAND 啤酒主題餐廳也看不到麒麟的招牌，所以來光顧的客人當中，大多數人都不知道這是麒麟直營店。

前田仁實際參與了啤酒「HEARTLAND」的開發，也是從零開始加入啤酒主題餐廳的企畫，成為啤酒主題餐廳的第一任店長。因為出生於一九五〇年二月，所以學年應該是一九四九年度，屬於團塊世代的前田，這個時候三十六歲。

前田因為有上司行銷部部長的桑原通德作為後盾，讓他參與執行啤酒與啤酒主題餐廳的 HEARTLAND 專案計畫。

原本「HEARTLAND 專案計畫的真正目的是為了要贏過自家的主力商品拉格。這是只有幾個人知道的機密」當時的相關人士如此透露。

為了對抗以量取勝的「拉格」，「HEARTLAND」只能以質取勝。目標不在全國不特定的多數消費者，而是居住在都會區，走在時代尖端的少部分粉絲。

再加上，招牌商品「拉格」受歡迎的程度十分穩定，所以前田的目的是想讓麒麟拒絕變化的企業風格能有所轉變。因為沒有一間公司會永遠繁榮的，桑原跟前田都了解這一點。

原本是為了商品化才進行消費者調查，但麒麟不像朝日那樣，追求不特定多數的消費者（資金豐富的麒麟，並沒有讓員工去街頭進行問卷調查）。只針對大學教授、藝術家、編輯等，這些「走在時代尖端」的人進行問卷調查。

HEARTLAND 啤酒主題餐廳是傳說中的主題餐廳。它是由兩部分構成的，一館是充滿外來文化，自大正時期就存在的洋館「TSUTA 館」（客席數一百四十二），另一館是 Nikka 威士忌公司曾存放原酒的貯藏庫「ANAGURA」（客席數五十四）。定期會有前衛的音樂、戲劇及舞蹈等現場表演，平時也會有藝術作品的展出。並將活動資訊傳遞至紐約及倫敦，是一座能欣賞到既優雅又前衛活動的建築空間。

HEARTLAND 啤酒主題餐廳的營業期間只有四年又二個月，來店者已經超過五十六萬人。是一間能夠品嚐著「這裡才可以喝到」的啤酒，又可接觸「前衛」文化與藝術的啤酒主題餐廳。後來因為六本木新城的再開發計畫，在營業到達顛峰的時刻，HEARTLAND啤酒主題餐廳關閉了。

因為啤酒主題餐廳吸引了許多人，所以啤酒「HEARTLAND」在一九八七年四月開始在全國銷售。一開始就是以罐裝啤酒販售的。因為是以特定人為對象的餐廳啤酒，所以隸屬於行銷部的開發者前田，非常反對以罐裝來銷售。這讓追求「質」而非「量」的產品概念，徹底崩壞了。但是，因公司內部擁有較大勢力的營業部門堅持，最後還是以罐裝啤酒的型態，開始在全國銷售。

麒麟的「HEARTLAND」是百分之百純麥芽釀造的啤酒，也就是所謂的DRY（辛口）類型（這個時期還沒有DRY的用法）。之後會再詳述，釀造時所產生的糖，有大部分（九成以上）會被酵母吃掉，所以會提高發酵程度（因大多會轉換成酒精與二氧化碳，糖等萃取物是不會殘留的）。因此，百分之百純麥芽釀造的啤酒會變成容易入口。跟世界上的其他啤酒相比，這一款啤酒的釀造技術是高難度的。

札幌「Edelpils」

一九八七年四月，札幌開始販售百分之百純麥芽釀造的生啤酒「Edelpils」。跟競爭對手一樣，札幌每年也都致力於新產品的研發，但其中有大部分都停產了。目前唯有「Edelpils」仍在販售，還能在啤酒主題餐廳「銀座 LION」的各分店喝到。

有此一說，因為品質太好了，所以「最起碼要繼續生產足夠給員工喝的數量」，因此繼續在試釀用的迷你啤酒廠（小型釀造場）釀造。

以下只是筆者個人的感想，「Edelpils」是日本啤酒產業中，品質最優良的傑作之一。所使用的啤酒花散發出迷人香氣，而且從玻璃杯喝下第一口時，能夠感受到絕妙的協調感。從酒體可以喝出由百分之百純麥芽釀的獨特芳醇香氣。不需要任何下酒菜，只需一杯就能充分享受令人愉悅的飲酒時間。

根據札幌的資料，完全沒有進行市場調查，只憑著技術者對事物的堅持而釀造出的佳品。啤酒花只使用捷克薩茲產的高品質香氣啤酒花，使用量是一般啤酒的三倍。

所謂「Edelpils」是「高貴皮爾森（皮爾森類型的啤酒）」的意思，商標權是慕尼黑工科大學所有。因此曾發生過札幌的技術者向該大學提出商標使用許可，然後在經過十幾位教授們的試喝之後獲得了很高的評價，所以最後允許使用其商標。

三得利的 PREMIUM 路線

三得利的「MALT'S」是以一般價格來販售的，而在一九八九年，開始釀製頂級的 MALT'S「MALT'S SUPER PREMIUM」。當時，這是在武藏野釀酒廠（現在是三得利的天然水啤酒工廠，位於東京武藏野）裡面的迷你釀酒廠試釀的產品之一。只有用木桶裝的是限定商品，會在一些餐飲店提供。

二〇〇三年，將「MALT'S SUPER PREMIUM」更名為「THE PREMIUM MALT'S（簡稱 PUREMORU）」，三得利從二〇〇五年起，全力投入頂級啤酒的釀造。現在的頂級（PREMIUM）啤酒市場是由 PUREMORU 開創的。

大概是在經濟泡沫化前後，也就是在一九八六年至一九八七年的這一段期間，「MALT'S」、「HEARTLAND」還有「Edelpils」，總算讓百分之百純麥芽釀造的啤酒在啤酒市場爭得一席之地了。

只剩下朝著完全不同方向努力，生產「MARUEFU」的朝日了。但是在一九八六年，朝日內部開始進行另一項開發計畫。開發的代號是「FX」。這就是「SUPER DRY」。

04

啤酒市場的轉折點

朝日啤酒的樋口社長

樋口廣太郎自己曾這樣說過，作為「拉上布幕」角色，從舊住銀被派到朝日。在一九八六年的年初，以顧問的身分進入，而在「MARUEFU」重新販售的一個月之後，樋口取代村井，成為朝日的社長。雖然抱持著來收尾的心態進到朝日的，但事實上，樋口仍對重整朝日還是充滿鬥志的。

剛前往朝日赴任時，樋口曾悄悄地到位於關西的工廠訪查。或許應該說，是出奇不意的去探查。

就在那個時候，快要到下午五點，仍是工作時間，兩名作業員從正門出來，坐在對向馬路開始喝起罐裝啤酒。而且，喝的是麒麟的啤酒。喝完之後，其中一個人大叫「朝日啤酒大混蛋！」然後將啤酒罐往工廠丟。

「真的是到了一間很麻煩的公司……」。在這個時候，樋口感受到不小的衝擊。但即使如此，還是要面對將破爛不堪的朝日重整起來的這個挑戰。

社長就任後不久，兩個月內就拜訪了全國的批發商，另一方面，每晚大概都會跑遍二十間都內的酒商及餐飲店。

「我是這次成為朝日啤酒社長的樋口廣太郎。」

出生於京都商家的樋口，用他那小小的身軀，彎下腰，深深地鞠躬。這跟連分店業務員都沒看過的麒麟不同，朝日是高層長官親自來拜訪。被拜訪的酒商老闆，驚訝到軟腳差點站不起來，之後成了朝日的粉絲。

只不過，樋口在公司內部卻經常「大發雷霆」。這是在前往某間工廠時發生的事。剛參觀完工廠的樋口，最後對陪在身邊進行說明的廠長提問：「這間工廠有什麼問題呢？」廠長笑著回：「社長，這間工廠沒有問題」。

然後樋口本來溫和的表情突然轉變，語帶威脅地說。

「你馬上給我遞交辭呈。如果身居工廠高層卻不知道問題在哪裡的話，這就是個大問題了。你明天不必來了。」

在董事會，不光是對老一輩的董事們，連對住友銀行的大前輩，會長的村井，好像也會提高聲量講話（只不過，也有「董事會結束後，兩個人就又若無其事似的，開始談笑風生」——來自前董事的證言）。

除此之外，也曾突然提出，要把使用率很低，從大日本麥酒時期就存在的倉庫

「改成柏青哥店」，最後被老幹部說服才改變心意。

不管是深植名門企業內部的潛規則，或有任何阻礙，樋口都將它們徹底排除。這是因為，真的沒有時間。要是短期間內沒有成果出現，那麼就必須用自己的這雙手「拉上布幕」。

代號「FX」

同一個時期，社長一職從溫和厚道的村井交接給性格剛強的樋口。

以「FX」為代號的「SUPER DRY」，在「MARUEFU」重新上市的前三天，於一九八六年二月十六日正式開發。而FX的這個代號，好像是從當時自衛隊的次期支援戰鬥機「FSX」而來的。

「(FX)正式著手開發之前，為了要與MARUEFU並列，所以從一九八五年開始就在進行酵母的研究。如要了解得更為詳細，那麼就要從村井擔任社長的一九八二年開始說起」，朝日的技術部門與業務部門的前幹部們異口同聲地說。

暫且不談起源為何，FX是一款以「比起MARUEFU，味道更為清澈，消費群設定在二十代、三十代」及「口感滑順，後味則清爽，是二十代、三十代不會喝膩的辛口（辣）啤酒」等概念釀製而成的啤酒。要比「MARUEFU」更進一步追求「清爽」的理想風味。這就是FX所期待的啤酒。

原本，屬於大日本麥酒流派的朝日，其技術人員也跟其他三間競爭對手的一樣，都是偏好德式濃厚風味的啤酒。因此，想要開發苦味較少，帶著輕快風味的啤酒，是絕對會被技術員否決的。

「FX」希望釀造出容易入口的啤酒，如美式啤酒「百威」就是其代表之一。

當時的技術開發部長薄葉久，對技術人員這麼說：

「啤酒有兩種類型。分別是『每天都想喝的啤酒』以及只有在特別日子才想喝的『令人懷念的啤酒』。不管是哪一類型，都是人們生活當中不可或缺的。而這次，朝日選擇了前者」。

技術人員沒有太大的反應。但在這個時候，公司正迎向最黑暗的時期，已經沒什麼好失去的了。面對新的挑戰，技術人員雖然進展的不順利，但還是努力應對。

釀造啤酒的四階段

接下來要分別從「層次」及「清爽」還有「辛口」來說明釀造啤酒的工序。

啤酒會根據使用的原材料種類，份量及酵母的組合，就算同樣都是淡色系的皮爾森啤酒，也會創造出各式各樣的香氣。尤其是日本四大啤酒公司的釀造技術，在全世界也算是數一數二，並將釀造出的各種新商品銷售至全世界。

啤酒是經過「準備」、「發酵」、「貯藏（熟成）」、「過濾」四道程序釀造而成。

「準備」就是要先將麥芽（讓大麥發芽後，乾燥並切去根部）、米、玉米等副原料碾碎，加入熱水浸泡。這樣會因為麥芽中酵素的作用，讓麥芽與副原料的澱粉轉換成糖，最後能夠取得粥狀的甜液體（糊狀物），這就是糖化。然後將糊狀物過濾之後取得麥汁。

順帶一提，過濾時最先流出的稱為「第一道麥汁（一番搾麥汁）」。在那之後，再次在糊狀物淋上熱水，過濾，所得到的是「第二道麥汁（二番搾麥汁）」。通常兩種麥汁會一起以鍋爐煮沸，加入啤酒花，這樣準備工作就完成了。

準備工作中，最重要的是溫度和時間。澱粉就像被上鎖的糖，而酵素就是剪開鎖的「剪刀」。酵素的作用是需要溫度的，然後再加上時間來決定糖化的程度。如果酵素把連結澱粉的鎖剪開越多，就能成為含糖較高（糖化率高）的麥汁。

接下來是「發酵」。將在準備過程中取得的麥汁，加入酵母來發酵。真核生物的酵母在麥汁中將糖吃掉，生成酒精與二氧化碳。

如果是辛口（辛辣）啤酒的話，麥汁中有九成的糖會被酵母吃掉。因此為了在「準備」階段盡可能多產生一些糖，會花較多時間徹底糖化，而在「發酵」過程中，使用會吃很多糖的貪吃鬼酵母（發酵力強）。這樣酒精濃度跟二氧化碳都會變高，最後就能釀造出「口味有層次」的啤酒了。所謂有層次是在口感上所得到的評價，而在入口的時候，鼻腔所聞到的香氣同樣也會受到影響。完成之後的辛口啤酒有著清爽的風味，搭配油脂含量高的肉類菜餚相當合適。不論是作為餐前酒，還是餐中酒都很適合，所以被定位為美式啤酒。

另一方面，不使用米等副原料的百分之百純麥芽釀造的德式啤酒，呈現出「富有層次」的味道。為了抑制發酵，保留麥芽的美味，所以在準備階段也完全不使其糖化，留下麥芽精華。因發酵而被酵母吃掉的糖，大概只占六成到七成。風味醇厚為其特徵，比起作為用餐時飲用的啤酒，單獨品嚐會更加的適合。

十九世紀釀造的札幌「惠比壽」，以及雖然不是百分之百純麥芽釀造的麒麟「拉格」，但都設計成具有德式醇厚的味道。

不論是辛口還是百分之百純麥芽，在一九八〇年代，幾乎都是「底層發酵」。在第一章曾提過，所謂的底層發酵是在發酵結束後，酵母下沉至木桶底層的釀造方式。將麥汁冷卻到五℃左右再放入酵母，大概等七至八天，麥汁中的糖會被分解成酒精與二氧化碳。

得到的「新鮮啤酒」會移至木桶，以〇℃左右的低溫慢慢熟成。之後再進行過濾，最後裝瓶或裝罐。包含種植麥芽的時間，大概需要二到三個月。

一九八七年的事業方針說明會

「SUPER DRY」的 DRY，是朝日獨創的用法。把普遍使用在葡萄酒及利口酒的慣用語，相對於「SWEET」（甜口）的「DRY」（辣口）說法，直接拿來使用。

「FX」是連內容都進行開發的啤酒，但是在經營會議中，銷售提案曾被連續否決掉三次。一九八六年六月，樋口曾經同意，但卻為了要保持「MARUEFU」良好的銷售成績，擔心因為與自家公司產品相互競爭而變成「同類相殘」，所以業務部門提出反對的意見：「好久沒有暢銷商品出現了，不要扯後腿好嗎」。

在十一月的經營會議中，社長樋口大力推薦，終於能夠開始銷售了。只不過附帶了一個條件：「年底前，首都圈要賣出一百萬箱」。

日本啤酒產業的轉折點，是在一九八七年的年初。朝日啤酒在一月，於東京都港區的新高輪王子飯店，以批發商為對象舉辦了事業方針說明會。行銷部門的幹部，幫社長樋口準備了講稿。

講稿內容以「今年要讓（更新過）朝日生啤酒（MARUEFU）大賣」為主，最後只有稍微提到「新產品的 SUPER DRY 將在首都圈開始銷售」。

但是，站上舞台的樋口卻突然開口說。

「今年我們將販售 SUPER DRY。而且是前所未有的辛口啤酒」。

完全無視原稿，並以開朗的語氣說著。

樋口很擅長在眾人面前講話。與其說他是一位銀行家，倒比較像是說書人，口條好，偶爾還會夾雜著些許幽默，表情更是豐富。不經意間，聽眾已經被樋口給吸引了。

就如預料的，會場相當的熱烈。批發商興奮地詢問「只有在首都圈販售嗎」、「希望全國都能販售」，真的很想要販售這項新商品。

在現場的朝日幹部回想起當時「突然開口說一些跟原本完全不同內容的話，這是樋口先生獨特的感性吧。在一瞬間感覺到 SUPER DRY 會大暢銷」。

三月十七日，「SUPER DRY」開始販售。銷售地區除了首都圈的一都三縣（東京都、神奈川縣、千葉縣、埼玉縣）外，再加上群馬、栃木、茨城的北關東三縣。所謂的首都圈限定，應該說，是以限定關東地區開始販售。

意外吸引新客群的 SUPER DRY

「SUPER DRY 會成為威脅，要趕快想出對策，否則就糟糕了」。

在麒麟總公司的太田惠理子這樣說。東京大學文學部畢業後，進公司已經第五年的她，隸屬於行銷部門，除了是 HEARTLAND 專案的成員，同時也負責研究工作。

「SUPER DRY」開始販售後不久，也就是一九八七年四月上旬發生的事。從定期進行的消費者問卷調查中得知「SUPER DRY」是讓人意想不到的商品。

但是，麒麟總公司的男性員工們，卻完全聽不進太田的意見。「SUPER DRY 沒什麼好怕的，而且不是只有在關東販售嗎」、「朝日是一間快要倒閉的公司」、「就算新商品賣得還不錯，但因為工廠是關閉的，沒辦法增產吧」。

早已習慣擁有壓倒性高市占率的麒麟，完全沒有危機感。在前一年，一九八六年因為朝日「MARUEFU」和三得利「MALT'S」的暢銷，所以麒麟連續十四年超過六成的市占率就此中斷，而其同年市占率是五九．九％，所以若只要有心，想要讓超過六成市占率復活，根本是輕而易舉的。但事實上，麒麟在一九八六年的銷售量要比前年增加三．四個百分比。實際數量增加了七百五十六萬箱，而這個數字是朝日「SUPER DRY」銷售計劃中所預設數量的七倍以上。

原本，「SUPER DRY」所設定一百萬箱的目標，在一九八六年的啤酒市場中大概只占了〇．二六％。

對麒麟來說，過去從啤酒事業退出的寶酒造，掀起了 CHU-HAI（使用燒酎或 Vodka 等蒸餾酒和果汁或碳酸水調和成的酒類）風潮，反而讓他們更加的擔心。喔，不對。在這之前，跟 CHU-HAI 是否造成風潮無關，啤酒本身的銷售成長速度已在一九七九年開始減緩，又或者說是已經成熟化了。

有部分管理人員察覺到大量生產、大量販售的極限所在，於是開始以不追求量而講求質，並創造新價值為目標的 HEARTLAND 專案開始啟動。

但即便如此，太田還是提出自己的意見。

「女性開始喝 SUPER DRY 了。真讓人感到不可思議！」

從消費者問卷調查的團體訪談中，聽見「原本不喝啤酒的老婆，說 SUPER DRY 不苦所以愛喝。之前晚上都只有我一個人在喝，現在可以夫妻一起享受 SUPER DRY」、「我自己是喜歡拉格，但老婆卻改喝 SUPER DRY」的意見。

就像「男人靜靜地喝著札幌啤酒」的廣告詞，之前啤酒都被當作是男性的飲品（酒）。但現在，SUPER DRY 開始吸引女性這群新消費者，而太田已經觀察到這現實的狀況。

SUPER DRY 風潮

那麼，為什麼女性會愛喝「SUPER DRY」呢？

「這契機是，朝日的業務員到酒商後，會把拉格換成 SUPER DRY 的作戰方法」太田提出證言。

如前面所述，朝日的業務員平常固定會拜訪酒商。從酒商配送到各家庭，裝了二十支麒麟「拉格」大瓶裝（六三三毫升），或者是中瓶裝（五〇〇毫升）的啤酒箱中，抽出一瓶換成了朝日啤酒。

其中也有一些「精明能幹」的業務員，會抽出兩瓶、三瓶或是從四個角落抽出四瓶換掉。換上去的啤酒從「MARUEFU」變成了「SUPER DRY」，可見有了變化。

偶然地喝了被換上去的「SUPER DRY」的主婦，覺得「這個啤酒可以喝，很好喝」，再輾轉分享給其他主婦們。如果當時有 SNS（Social Network Services）那就不用說了，但是在那個網路跟行動電話都沒有的時代，必須靠著口耳相傳來打開知名度。因此「SUPER DRY」的大流行，是從世田谷區及杉並區的主婦們開始的。再重申一次「之前不喝啤酒的女性開始喝 SUPER DRY」，這是一個非常大的轉變。

而且，朝日業務部隊靠著挨家挨戶的拜訪酒商，也是大賣的主要原因。

另一方面，動用豐富資金的麒麟，憑藉定期的消費者問卷調查，或許比朝日更早一步預測到「SUPER DRY」的蛻變。但是已經習慣業績長紅的麒麟，竟然漠視了這寶貴的預測。

如果麒麟的業務員到批發商走訪時，肯在被招待咖啡時說一句「請轉告酒商，不要再讓朝日的業務員把啤酒換掉」的話，或許就會有完全不同的發展了。

指名購買 SUPER DRY

進入四月，朝日將原本只在關東銷售「SUPER DRY」的區域，擴展至甲信越、中部，並在四月二十二日甚至拓及關西。下此決定的是社長樋口。朝日如電光火石般的增加生產，而到了五月十九日，除了沖繩以外，全國皆有販售（沖繩是在七月十日開始銷售）。

「SUPER DRY」因為味道清爽所以相當受到歡迎，開始販售兩個星期就賣出二十萬箱，截至四月底前，大概六週的時間就創下七十萬箱的銷售紀錄。

當初的銷售計畫是「十二月之前要賣出一百萬箱」，而在五月下旬上修到「四百萬箱」，之後又再上修了好幾次。

現在擔任湖池屋社長的佐藤章，於一九八二年進入麒麟。隸屬於業務部門，負責群馬縣的銷售。一九八七年四月，位於東武伊勢崎線的太田車站南口的酒鋪前。

在太田車站的南側，是北關東屈指可數的鬧區之一。市內有SUBARU汽車公司，以及其供應商（零件商）聚集的典型企業城，是一座居住了許多上班族的地方城市。

「有DRY？」客人會指名購買。但卻對放在佐藤旁邊，塞滿罐裝「拉格」的冰箱是看都不看一眼。

店主說：「一開始是零星賣出，但經過三個星期，卻突然賣得很好。比起瓶裝的，罐裝賣得更好」。

佐藤低頭拜託認識很久的店主。

「我們不能就這樣認輸。請在賣場放更多麒麟的商品！」

有一瞬間看到了店主露出歉意的表情，隨後仍斬釘截鐵地說。

「可是小章啊，是客人自己去拿（SUPER DRY）的呀……」。

這個時候的佐藤，第一次因為輸給競爭對手而感到懊悔。但同時也真心認為「這個商品真的很了不得」。

畢竟是客人指定購買的。而且不是說「請給我啤酒」，而是直接開口「請給我SUPER DRY」。

在日本啤酒歷史上，「SUPER DRY」是第一款客人會指定品牌購買的啤酒。

市場擴大帶來的新商品

「SUPER DRY」因為人氣沸騰，所以在生產上供不應求。一九八五年二月吾妻橋工廠關閉，進行工廠裁員之後而大賣。再加上一九八七年，朝日所擁有的六間工廠都因為太過老舊，所以無法順利提高產量。最後，樋口向全國分店及營業所下達了「員工不可以喝SUPER DRY」的「命令」。

一九七二年，畢業於慶應大學文學系，進入朝日的二宮裕次，在一九八七年九月從行銷部代理課長轉調至堺營業所所長。「自從到堺赴任之後，我開始感到非常疲累」二宮這樣說。SUPER DRY在關西也是非常受歡迎的，商品經常供不應求。

營業所連續好幾天接到來自酒商「沒有SUPER DRY了嗎」的電話，其中還有酒商直接跑到營業所，甚至有業者半恫嚇的說「把DRY交出來！」

在堺營業所，會對批發商設定稱為「希望箱數」的配額，以此來進行數量管理，但一張一張的訂單就像飛箭一般催促著。最早是從一九五三年開始，一直到一九八五年，最起碼有三十二年市占率墊底的公司，竟然能站在分配商品的立場，這是從未有過的經驗。

支撐朝日艱困時期的某位精明能幹業務員說：

「SUPER DRY 推出之前，不管是批發商還是酒商，請我吃的午餐就只有拉麵。但自從推出了 SUPER DRY 之後，拉麵換成了鰻魚飯。對待我們的方式，簡直是三百六十度大轉變。我深刻感受到，這就是所謂的暢銷呀！」

最後「SUPER DRY」到一九八七年年底，一共賣出一千三百五十萬箱。跟前一年「MALT'S」創下的新商品首年度銷售紀錄一百八十四萬九千箱相比，遠遠地超出。甚至相差了一個位數。

朝日啤酒整體的銷售量，其實跟前一年相比，增加了三四・九％的五千二百九十六萬三千箱，市占率提高了二・六個百分點，達到了一二・七％。

順帶一提，麒麟的銷售量雖然增加了二・五％，但市占率卻是五七・二％，跌了二・七個百分點。札幌的銷售量增加了六・六%，市占率卻下跌了〇・二個百分點，也就是二〇・六%。三得利的銷售量提升了一一・六%，市占率提高了〇・三個百分點，所以是九・五%。四間啤酒公司的總銷售量要比前一年增加了七・五%，總共市四億一千七百七十六萬三千箱，但銷售量大幅增加的只有朝日。

就像是受到「SUPER DRY」的牽引，三間競爭對手的銷售量也都有增加，這對擴大整個市場的意義是相當大的。不是只有一間公司的單品「賣得好」，而是讓全體啤酒市場都成長了。

轉變期的暢銷商品

麒麟的太田指出：「SUPER DRY 不苦深受女性喜愛。但是電視廣告卻是以男性為對象。身兼作家和國際記者的落合信彥（落合陽一的父親）戴著太陽眼鏡登場，散發出陽剛氣息。在這個部分，我是覺得算是有取得平衡的。」

過去對主婦來說，啤酒就是為了老公而買的。但因為「SUPER DRY」的出現，也開始為自己而買。

「HEARTLAND」上市，一九八九年「一番搾」商品化，堪稱麒麟傳說的行銷人員前田仁，對「SUPER DRY」有以下的看法。

「客人的認知（想像）跟實際偏好的味道，其實是有落差的。（中略）SUPER DRY成功的原因之一，就是不知道是刻意的，還是偶然的，巧妙地利用了這個落差。想像中的是，使用DRY這個名字應該是男性且嚴肅的，但味道卻比過去的主流拉格要來的輕淡，不苦所以容易入口。（中略）能夠認清這個『落差』，就是能夠理解顧客，然後生產暢銷商品的訣竅之一」（引用二〇〇三年四月八日所著，前田仁演講錄《思考的技術》）。

經濟企業廳（現內閣府等）表示，泡沫經濟是在一九八六年十二月開始的。而這是因為一九八五年的廣場協議[13]，日圓升值以及流動性過剩導致的「泡沫經濟」。在泡沫經濟之前，原本日圓升值蕭條讓日本列島喘不過氣來。但卻突然出現了泡沫經濟。

13　廣場協議：由美國、日本、英國、法國及德國五個工業已開發國家財政部長和央行行長於美國紐約的廣場飯店會晤後，在一九八五年九月二十二日簽署的協議。目的在聯合干預外匯市場，使美元對日圓及德國馬克等主要貨幣有秩序性地下調，以解決美國巨額貿易赤字，從而導致日圓大幅升值。

「SUPER DRY」開始販售的一九八七年，正好是經濟不景氣開始復甦的轉換期。這年正是出現許多暢銷商品的一年。

三菱電機銷售的除蟎吸塵器「擊退塵蟎」和同屬三菱電機的大型電視，還有花王的袖珍粉末洗潔劑「ATTACK」，另外也有戲稱「女大生好啊！好啊！」而深受年輕女性喜愛的「HONDA PRELUDE」（第三代，比起車子性能，對設計感更有自信。而且裝載了四輪轉向的4WS），以及在一九八六年開始販售，並於一九八七年暢銷的富士軟片的帶鏡頭的底片（即可拍）「写ルンです（馬上就可拍）」，一九八六年十月販售的麒麟「午後的紅茶」，一九八八年一月帶動三號車（日本汽車的分類號碼）流行趨勢的日產「CIMA」（Nissan CIMA）等等。

看來在景氣復甦的時機點，會發生「暢銷商品集中」現象。

即使是在剛克服了第二次石油危機所引起的經濟蕭條之後，也就是在八〇年代的前半，馬自達的紅色「Familia」、家用錄影系統（VHS方式的VTR），雷射唱盤（LaserDisc, LD）、NEC（日本電氣公司）的PC系列產品（個人電腦）等也十分暢銷，而且也掀起了CHUHAI（酎ハイ）風潮。

或許是為了要提高有意願接受新事物的人之消費者信心吧！因此在景氣正要復甦的轉換期誕生的暢銷商品特徵，都是之前從未有過的新設計。

一九八七年前後大賣的商品中，現在仍有商品在市面上販售中。這些商品的特徵之一同樣都是受到女性的支持。其中的「SUPER DRY」可以說是最受到歡迎的吧！

辛口之戰

迎接一九八八年的到來，在一月初發生了紛亂。一月六日，朝日向麒麟與札幌送出附內容證明的警告書函。

麒麟與札幌兩間公司決定打著「DRY」的名號，投入新商品的釀造。獲得此情報的朝日所寄出的警告書函內容為「①DRY（辛口）啤酒的商品概念是朝日啤酒原創的、②兩間公司的新產品在概念、設計及宣傳用語上，都與朝日極為相似，所以可能會造成消費者的誤認，而這應該就是不正當競爭的這兩點」（《朝日啤酒一二〇年》）。

報紙和電視將這次的爭議稱作「辛口之戰」，讓更多消費者都知道此事，但朝日抗議的特徵在於，主張侵害智慧財產權。透過新聞報導，提高了社會對啤酒商業競爭的關注。

前一年「SUPER DRY」大賣的報導，不論是在財經類或一般報紙，都爭相大肆報導「啤酒」，然而因為這次的紛爭，再次吸引更多人注目。

針對朝日的抗議，在一月底，麒麟更改了瓶身標籤的文字，接著札幌也更改了標籤的設計，所以朝日便撤回抗議。

隨後，麒麟在二月二十二日推出「麒麟生啤酒DRY（KIRIN DRY）」，而三得利在二月二十三日推出「三得利DRY」，然後札幌在二月二十六日開始販售「札幌生啤酒★DRY（SAPPORO DRY）」，三家公司陸續推出DRY啤酒。

四家公司的新產品全部就緒，在商業戰爭中，「DRY戰爭」一觸即發。

尤其是麒麟所推出的「KIRIN DRY」，年底之前賣出了三千九百六十四萬箱。大概要比在一九八七年，朝日剛推出SUPER DRY時所創下的新產品第一年度銷售紀錄的一千三百五十萬箱，大約多出了三倍之多。直到二〇二三年春天，仍沒有新的啤酒產品能夠超越這項紀錄（包含氣泡酒及第三類啤酒在內的話，麒麟在一九九八年消費的氣泡酒「淡麗」賣出了三千九百七十四萬箱，只有些微的差距）

但麒麟在一九八八年的銷售量卻降低了四・一％。因為「KIRIN DRY」搶走了主力商品「拉格」的市占率了。

一九八八年的啤酒市場（四家的總銷售量），從辛口戰爭愈演愈烈後，要比前一年增加了七・二％，銷售量擴大至四億七千七百七十四萬箱。此結果，與新產品是否暢銷無關，麒麟的市占率下降了六・一個百分點，也就是五一・一％，是在公司開創以來最為低迷的時期。因為新產品「KIRIN DRY」大賣，導致「拉格」的銷售量減少，這對麒麟來說真的很難以接受。

在調整生產體制之後，面對商場激戰的朝日，銷售量要比前一年提高了七〇・一％，市占率也增加了七・四個百分點，突破了二〇・一％。札幌的銷售量雖然提高了三・三％，但市占率卻下降了〇・七個百分點，只有一九・九％。

因為如此，朝日自一九六一年以來，隔了二十七年，再次成為第二位。隔年的一九八九年，札幌的高層負起責任下台。

朝日當時的幹部這樣說：「即便如此，朝日還是採取了像是罐裝啤酒和啤酒禮券等先進作法。但麒麟緊追在後，將朝日剛開始的計畫連根拔除。所以就算是暢銷的

SUPER DRY，還是會害怕被擊敗。但唯有這一次，SUPER DRY 並沒有被打倒。

『我們花了好幾年，從調查消費者的喜好開始，釀製出新的啤酒。怎麼可能會輸給模仿別人的商品呢』。不久，大家的內心燃起自信的火苗。這是讓過去萬年不變的社會來說是一次改變的瞬間」。

就算朝日將大部分生產的啤酒都換成「SUPER DRY」，還是供不應求。

這一位幹部說，「在 SUPER DRY 數量不夠的期間，恰恰讓其他公司的 DRY 啤酒彌補了這空缺」。

勝券在握的朝日

隔年的一九八九年，麒麟跟札幌都投入了 DRY 啤酒的新產品開發，但是在一九八八年這個階段，朝日在辛口戰爭中獲得勝利的結果已經很明顯了。

加上札幌在一九八九年二月的主力商品「黑標」突然停止生產。取而代之投入的新產品是，希望能夠大賣的「DRAFT（生啤酒）」，但最終面臨失敗。市占率下降，在極盛時期結束的九月，札幌陷入要讓「黑標」再次販售的混亂中。

一九八九年三月就任的新社長，業務出身的他打出「賭一把」的牌，但卻被朝日反將一軍。

這一年，朝日的銷售量要比前一年增加了二六・八％，也就是增加了一億一千四百二十八萬一千箱，市占率比前一年上升了四・一個百分點，為二四・二％。

麒麟以「產品線填充策略」，投入「MALT DRY」、「FINE DRAFT」等四項新商品，但全都在還沒開始販售之前就結束了。結果，市占率下降了二・三個百分點，跌破了五〇％，下降至四八・八％。銷售量比前一年增加了〇・八％，有二億三千零七十箱。

短暫停止生產「黑標」的札幌，市占率下降了一・三個百分點，只有一八・六％。而三得利的市占率則掉了〇・三個百分點，停在八・五％。

四家啤酒公司的總銷售量增加了五・六％，有四億七千三百零五萬箱。但細分每一家的數字，還是朝日遙遙領先其他家，而且已經蟬聯三年。

知道辛口戰爭的三得利技術部門的前幹部，回想起當時的情形說：

「包括我們在內的三家公司，要是不推出辛口啤酒的話，就不會發生『辛口啤酒』革命了吧。一九八七年應該會是以暢銷，但口味有點特殊的啤酒就結束這個風潮了吧。也就是說，三家公司的跟風，造就了DRY市場，讓「SUPER DRY」變成了強力商品。三得利本身就是以擅長開發像是氣泡酒，這種原本獨創商品的公司。在開發型公司開始模仿的那個時間點，就已經註定要失敗了」。

而且其他三得利技術部門的前幹部，在二〇〇二年也曾這樣說過：

「看到原本跟自己在差不多同樣位置的朝日開發出暢銷商品，所以認為只要自己做相同的事，應該也會有機會，才決定推出辛口啤酒，但反而導致迷失自我的結果」。

麒麟生產部門的前幹部說「因為急忙推出『KIRIN DRY』，所以商品完成度太低」，札幌的行銷部門前員工則說「因為批發商要求要推出辛口啤酒，才不得不推出的」。

「因為是銀行出身的社長，所以朝日才能這麼成功。而像我們這樣的一般廠商，根本不會想到要採取那種行動」。來自競爭公司的前員工提出的看法。

所謂「那種行動」，是包括了將從熱絡的金融市場，以低成本所籌措到的資金，大規模投資在設備上，增加促銷費用，然後提升資金管理技術。

雖然是在經濟泡沫時期，但朝日要比其他公司早先一步實行股權融資（發行股票來籌措資金）。一九八九年年底，手中累積了二千五百億日幣的流動資金。不只純粹是因為在泡沫經濟環境，而且也是市占率快速提升帶動股票上漲所帶來的結果。

一九八九年朝日的營業額有一百一十億日幣。相對於此，金融黑字是一百零八億日幣。朝日讓象徵本業盈餘的營業額與資產運用利益都提高了。

「SUPER DRY」在開始販售之前，朝日所投入的廣告宣傳費，一年大概不到一百億日幣。樋口對此作法表示，「這樣原本能賣得好的商品也會賣得不好」，然後提高了宣傳費額度，在一九八九年超過了三百零八億以及三百億日幣。不只是在辛口啤酒方面模仿而已，在宣傳這個部分，其他三家公司也是相同的作法。進入辛口戰爭前，四家公司（三得利是不包含威士忌，只有把啤酒算入的數字）廣告宣傳費的總額，一年大約是四百億日幣，但是在辛口戰爭開打後，一年就超過了一千億日幣。

全體的促銷費用都增加了，讓三得利當初「只要拿到一〇%的市占率，就能轉虧為盈」的假設化為泡影。

設備投資的成功

在設備投入巨大金額的這件事，對朝日的成長來說，也是非常重要的關鍵。這是因為不會讓朝日變成「一發屋（指一夕之間爆紅，然後就銷聲匿跡）」。可以聽到許多「樋口先生厲害之處在於，馬上做出要投資大型設備的決定。這是一般廠商出身的人無法辦到的吧」（曾是朝日員工）的感想。

朝日在一九八五年二月將吾妻橋工廠關閉其生產能力在一九八六年僅五十一萬千升（四千零二十八萬箱）。跟前一年相比，減少了七萬千升。再加上同一年，將負責食品生產的東京工廠（大田區仲池上）關閉，搬遷到東京大森工廠，以及醫藥品製造的大阪工廠（吹田市）搬遷到吹田工場。

將資產分割銷售，減少長期貸款等，比起設備的投資，朝日更以改善財務體質為優先。

在此狀況下，不符合預期而大受歡迎的「SUPER DRY」的銷售量，竟然從第一個年度（八七年度）的一千三百五十萬箱到第二年的七千五百萬箱，甚至在第三年就突破了一億箱。

一九八七年四月，急驟投入一百七十四億日幣，著手將生產能力提高兩成以上。但即便如此，還是無法滿足需求。因此必須採取更有用的增產對策，一九八七年的設備投資，最後提高至二百五十七億日幣。一九八八年的生產能力擴大到七一萬．八千升。

一九八九年四月，開始著手進行新茨城工廠（守谷市，完工是在一九九一年四月）的建設。包括茨城工廠在內，設備投資額在一九八八年起至一九九〇年的這三年當中，提高到大約四千六百億日幣。

茨城工廠開始啟用的一九九二年，生產能力是一百八十一萬七千五百千升（約一億四千三百六十萬箱）。比一九八六年的生產能力提高了三．六倍。

麒麟在一九六〇年代建蓋的高崎工廠與廣島工廠本來是生產主力，但到了一九九〇年工廠已經老舊。而相對於麒麟，朝日的不同之處是除了新蓋茨城工廠，也將生產設備更新到最先進的。因為如此，當市場不斷擴展時，生產效率、生產能力就會出現差距。

朝日在這個時期的發展機制，是藉由市占率來提升股價，接著實施以高股價為背景的股權融資。使用以此方式籌措到的資金來進行設備投資與增加促銷費用，更進一步的，產生一個能提高市占率的良好循環。

雖然這是能夠支持商品戰略與財務戰略的有機組合型態，但前提是市占率要提高以及股價要高。不管是哪一個，要是停滯不前，都會讓良好循環崩壞。

一九八九年十月，象徵復活的朝日新總公司大樓，在之前的吾妻橋工廠舊址完工了。位於總公司大樓隔壁的「金色物體」成為淺草地區的景點。順帶一提，金色物體據說代表著聖火台的火焰。在十一月，也舉辦了創立一百周年的紀念活動，公司的營運達到最高峰。

但支撐朝日的其中一個支柱的金融市場，卻在之後面臨了衰退的局面。在一九八九年十二月二十九日，交易所年終最後一場交易中，日經平均股價是三萬八千九百一十五日幣八十七錢，刷新了過去的最高紀錄。期待能夠突破四萬日幣。但一九九〇年的年初，股價呈現直線下滑的趨勢。四月，國家對金融機構實施了不動產融資總量限制。泡沫經濟面臨尾聲。

而這時在商品部分，結束「SUPER DRY」獨大的競爭對手出現了。那就是麒麟在一九九〇年三月二十二日開始銷售的「一番搾」。

05

以量致勝的時代已經結束

麒麟啤酒的全新品牌

在剛進入一九八九年不久，麒麟開始投入品牌商品「一番搾」的開發。專案負責人是曾經親自投入「HEARTLAND」開發的前田仁。身為團塊世代的前田是在一九七三年進入公司的。

自一九八八年起，前田便從公司內部挖掘能負責商品開發的年輕行銷人才。開發「一番搾」的工廠釀造技術人員、年輕業務員等，實際上都是前田挖角過來的。不對，不光是從公司內部，甚至還透過在進行HEARTLAND專案時所建立起的公司外部人脈，從大型廣告公司中選出各種人才，並且任用公司外部的藝術總監及設計人員，而這些都是前田為了開發「一番搾」所做出的決定。

但在這之後，等待前田的卻是令人感到屈辱的試煉。

「對現在的麒麟來說，最需要的是能對抗SUPER DRY的品牌商品。因此，就連企劃部門也跟麥肯錫公司一起開發新的品牌商品。」

新產品開發是行銷部門的工作，而企劃部門的工作則是組織、業務的改革，公司整體的預算管理，以及擬定策略等。而企劃部門卻突然做出這樣的提案，將原本應該是在背後提供諮商服務的麥肯錫公司攬進，實際投入商品的開發。而決定此作法的幕後操縱者是企劃部門的高層主管。

結果，前田團隊與企劃部門．麥肯錫相互競爭，公司根本不知道應該要販售哪一邊的新產品。

對方是高層主管，所以對前田來說，這一點也不有趣，但他還是不露聲色。前田本來就是一個不會表現出自己情感的人。他是一個「不會讓別人看出自己弱點的男人」（麒麟關係者表示）。

前田團隊開發的「一番搾」只使用「第一道麥汁」，那是在釀造過程中所得到的糖化液（糊狀物）過篩之後而製造的啤酒。如前面所述，通常會第二次把熱水淋到糊狀物上獲取「第二道麥汁」，然後同時使用兩種麥汁（麒麟的使用比例是第一道7，第二道3）。如果只使用第一道麥汁，就能做出沒有澀味的純粹風味。但要是完全沒有使用第二道麥汁，那麼產出量會變少，且成本會提高。因此生產部門極力反對，但前田還是半強迫性的投入製造。

另一方面，企劃部門與麥肯錫合作所釀造的是DRY類型的啤酒，包裝是由日本廣告史上超有名的設計師操刀設計的。

一九八九年底，兩款新產品在公司內部舉行比賽。經過多次的消費者調查以及公司內部測試的結果，前田團隊獲得壓倒性的勝利。

「一番搾」的舞台背後

「前田先生，我是今天從製造技術課調來行銷部門的坪井純子。請多多指教。」

「其實我快要離開了。」

「咦……」

現任麒麟控股執行董事的坪井純子是在一九九〇年三月二十一日跟前田仁有了第一次的接觸。對於前田的勤務調動，坪井感到非常驚訝。

「一番搾」在一九九〇年三月二十二日開始販售。而在開始販售之前，從流通加碼的臨時訂單，以及市場調查結果就可預測到「一番搾」會暢銷。但即便如此，前田還是被降職了。

前田被調到規模很小的葡萄酒部門。從當紅的新商品開發負責人被調派到存在感薄弱的葡萄酒部門，任何人都明白這是被「降職」。此時，對葡萄酒完全是門外漢的前田剛滿四十歲。這是一道下得非常倉促的人事命令。

前田明明有做出成績，公司為何還會下達這樣的人事命令呢？

「因為（輸掉比賽）高層主管忌妒前田，所以對人事部門施加壓力讓前田被降職。」

「當時業務部門跟行銷部門的關係很不好，業務部門當然很想讓在行銷部門嶄露鋒芒的前田走人。」

這些都是來自熟知事情脈絡的麒麟關係者的證言，但也沒有證據可以證明內容的真實性。

只不過還有一件很重要的事，那就是此時曾是前田後盾的桑原通德的狀況。身為常務董事同時也是大阪分社社長的桑原，在一九九〇年三月結束了六年的任期之後，原本是要接替本山英世成為社長的，但後來卻沒有。

如前面所說，輸給「SUPER DRY」的麒麟在前一年的一九八九年，事隔二十二年終於在市占率拿到四八．八％，快要擠進五〇％（朝日是二四．二％）。看到有此好成績的本山開始擔心了，於是決定了要續任。麒麟是很重視組織的三菱集團旗下的公司，所以此次脫離常規的高層人事異動是很特別的。

本山續任的決定讓桑原成為社長的夢想破滅，而且前田也突然被降職。這可說是「樹大招風，強者容易遭人忌妒」，最後桑原派的年輕實力者被清算了。

當時前田並未對遭到降職一事表示不滿或不服，依然是不在意別人的眼光。不只如此，他還開始自學葡萄酒的相關知識。

公司內部雖然發生了很多事，但「一番搾」的暢銷抑制住「SUPER DRY」漲勢的這個事實是不容否定的。到一九九〇年底，「一番搾」銷售了三千六百五十二萬箱。「一番搾」大賣帶動了麒麟的一九九〇年銷售總數量，比前一年增加了一〇．五％，增加到二億五千五百萬箱。這一年，上漲超過一〇％的只有麒麟。銷售市占率增加了〇．九個百分點，有四九．七％。

朝日的市占率則是下降了〇．三個百分點，也就是二三．九％。自一九八六年開始販售「MARUEFU」之後，市占率是第一次下降的。而對樋口來說這也是第一次。

這讓一直非常強勢的樋口也脫口說出，像「不得不認輸，真的太強了」這樣軟弱的話。

改變市占率的計算方法

一九九〇年四間公司的總銷售箱數，比前一年增加了八・四％，有五億一千二百九十三萬二千箱，是啤酒市場首次突破五億銷售箱數。

隔年的一九九一年，被「一番搾」追過的朝日，在宣布會推出新商品來取代「SUPER DRY」之後，同年三月便開始販售「Z」。到年底為止，採用頂層常溫發酵的「Z」賣出一千九百萬箱，成為暢銷商品。但是「SUPER DRY」因為跟「Z」相互競爭，所以銷售量減少了一成以上。這是「SUPER DRY」自一九八七年開始販售以來，首次銷售業績比前一年的差。

這表示一九九一年的商業戰場麒麟是居於有利位置的。但擁有最強業務團隊的朝日可沒那麼簡單就倒下去，在中元、歲暮的禮品商戰等頑強地進行戰鬥。

然後到了年底，又有另一波混亂發生了。一九九一年因為擔心權勢衰退而續任兩年社長的本山英世，終於來到任期的最後一年。以當時的狀況來看，不管是在麒麟公司內部還是啤酒業界都默默認為，判斷麒麟復活的標準是「市占率恢復到五〇％」。

圍繞這個市占率議題，在一九九二年年初發生了「場外亂鬥」。啤酒商戰競爭熾烈，報紙每一個月都會刊登各家啤酒公司的市占率。不只是全國性報紙，就連地方報紙也會刊登來自共同通訊社及時事通訊社的訊息。而且「啤酒新聞的報導率相當的高」（當時通訊社記者的說法）。

因泡沫經濟崩壞，使得汽車銷售台數減少，但唯有啤酒的銷售量還是持續地成長，啤酒商戰已經變成一種社會現象了。

但問題點是，用來計算市占率的數據是來自四家公司在月初自行公開的銷售量。從年底到隔年年初，麒麟開始在背地裡批評朝日：「競爭公司在銷售量灌水，實際麒麟的市占率應該更高，超過了五〇％」。除了麒麟之外的其他三家公司中，朝日市占率最高，所以朝日的真實銷售量對麒麟的市占率影響很大。

如果是在一九九〇年的話，那麼所謂啤酒的一％年市占率，就等於大概會有超過一億人同時喝光六三三毫升大瓶啤酒的量。而即使只有〇．一％，也表示會有超過一千萬人同時喝下大瓶瓶酒的量，規模非常龐大。

對於麒麟的這種作法，部分報紙以「啤酒業界，圍繞啤酒的『場外亂鬥』」、「麒麟人事高層異動的背景在引人注目的五〇％市占率下社長主動辭職」等標題進行報導。

業界團體的啤酒酒造公會（此時的會長是樋口）對此問題與各公司代表進行協議。最後決定從一九九二年起，停止各公司自行申報銷售量，而是以計算酒稅時使用的工廠出貨量「課稅運出數量（課稅出貨量）」來發表。如果是要計算銷售數量，那麼就算貨品沒有搬動，只要廠商跟批發商之間能確定銷售的話，那麼就能算入數量中。因為是自行申報，所以發表數量的廠商也會比較有彈性。

力爭市占率的場外亂鬥

一九九一年以前，各報社的負責記者每個月初都會打電話到四家啤酒公司，詢問前一個月自行申報的銷售數量，然後再以計算機算出市占率，刊登在報紙上。雖然微乎其微，但還是會有記者計算錯誤（通常都是按錯數字），有時可能出現某一家報紙的數據與其他家不同的情形。另外就是關於除法的小數點計算，記者協會內部曾經邀請數間報社進行「商議」，讓數據能夠統一（當時對報紙及報社記者來說，重要的不是挖到頭條新聞，而是不能誤報）。

不論如何，從一九九二年起，便是以出貨量作為基本數據來計算市占率的。而加入啤酒酒造公會的沖繩ORION啤酒，從一九九二年開始也列入計算對象。ORION的市占率是〇・八～〇・九％。

自一九九二年起，從原本會被懷疑「灌水」的自行申報銷售量，改成使用被課稅的出貨量來計算市占率，這樣應該會比較準確吧。只不過各啤酒公司就沒辦法在月初發表了，而是改在數據彙整好之後的當月十五日前後才能發表。

但這種作法也會產生弊病。因為沒有實際出貨的話，市占率就不會變動，所以廠商向通路「推銷」的情形變得十分普遍。批發商跟零售商的後院都堆滿了啤酒。

而且做為推銷的手段，廠商會提供給批發商銷售獎金（回扣）。而這份獎金也會給零售商。甚至對餐飲店也提出了，只要把其他公司的啤酒全部換掉，就會以「贊助金」的名義，幫忙設置啤酒機以及提供印有商標的杯子。

特別是在一九九〇年代後期至二〇〇〇年代前期的這段期間，市占率競爭越是激烈，弊害也就越嚴重。

順帶一提，以五家公司的啤酒出貨量來計算市占率的做法，只持續到二〇一八年，二〇一九年又再次回到四家公司自行申報銷售量。而恢復原本做法的理由，是因為不知道是否要將麒麟承包的大型物流集團的自有品牌（Private Brand）商品（第三類啤酒）一起算進麒麟的出貨數量中，這件事在業界內引起了爭論。最後不管是出貨量還是銷售量，麒麟都把它算進去了。

於是從二〇〇〇年起，朝日以「為避免過度的市占率競爭」為由，自行取消了公開發表銷售量的作法（但「SUPER DRY」等一部分商品的銷售量還是會公開）。此後，媒體都以推估值的說法來報導市占率及總銷售量。

那麼在麒麟的本山英世當權的最後一年，也就是一九九一年的市占率又是如何呢？

根據刊登在一九九二年一月七日各報的新聞，麒麟的市占率是四九．五％。麒麟的銷售量比前一年增加了五．二％，成長率與札幌並列。特別是「一番搾」要比前一年增加了九七％銷售率，賣出了七千萬箱。但這樣還是沒有達到目標的五〇％市占率。

關於這一點，麒麟主張「我社計算已達五〇．一％」，也因此才會出現「場外亂鬥」的報導。

一九九一年三家公司的市占率，分別是朝日二四．一％、札幌一八．三％、三得利七．八％，全部都是自行申報的銷售量。

四家公司合計的總銷售量要比前一年增加了三．八％，也就是五億三千七百六十五萬箱。因泡沫經濟崩壞，日本經濟持續低迷中，就只有啤酒市場隨著商戰越演越烈，銷售情形也越來越好。

然而一九九一年的市占率，報社並不是以自行申報的銷售數量來計算的，而是拿到了麒麟之外的大型啤酒公司所彙整出的一九九一年出貨量的內部資料。根據這份資料，扣除掉 ORION 的其他四家公司出貨量有五億三千六百八十萬箱，而當中麒麟佔了二億六千八百四十一萬箱。算成市占率的話，是五〇．〇〇二％。雖然不是二〇〇二年世界盃足球賽的「三苫的 1mm（形容驚險獲勝）」，但根據數據來看，麒麟確實在一九九一年很驚險的達到五成的市占率。

不過，「麒麟的五成」很快就變得毫無意義了。

接連替換高層的麒麟、朝日

一九九二年一月九日下午，位於霞之關的農林水產省三樓的農業政策俱樂部（記者俱樂部）。麒麟社長本山英世與從三月開始接任社長的幹部一起，出席社長交接大會。

大會最後，本山發表了以下這段話：

「有關宣布市占率五〇％的消息，我並沒有下達任何指示，而是部下為我著想，自動自發採取的行動。」

這是為了避免混亂而做出的發言嗎？直到現在筆者我還是猜不透。但是當初為了「公司自行計算的……」而拼命對外反駁的現場負責人聽到這段發言則是瞬間臉色大變。

在這重要的高層交接場合上，跟三月即將成為會長的本山一起出現的一位意外人物，那就是真鍋圭作專務董事。為何會說令人意外呢？是因為真鍋是人事部門出身的。包括本山在內，一般來說麒麟的管理高層都是來自於業務部門的。少說已有十四年未曾出現過非業務出身的人來擔任社長的情形。

兩年前，原本以為會接手本山職務，業務出身的桑原通德，已在一九九一年三月調派到當時子公司近畿可口可樂公司擔任社長。

另外朝日也有進行社長交接。原本決定要在十二月結算月時進行朝日社長交接，卻改成跟麒麟與札幌同時間，在三月的股東大會後的董事會進行。一九六六年三月就任社長的樋口，到一九九二年三月，為期六年的任期即將結束。但是以「在啤酒商戰正式開打的三月換掉高層並不是件好事，就等商戰告一段落的九月再交接」為理由，樋口提出了為期半年的「續任宣言」。

因此從九月開始，接替樋口成為朝日社長的是業務出身的公司元老，瀨戶雄三副社長。而這是隔了五任，事隔二十一年再次出現由老員工擔任社長。

這個時候，樋口並沒有參考住友銀行的慣例，而是按照自己的判斷任用瀨戶擔任社長。

「瀨戶在公司具有聲望。其他也有頭腦很好的人，但重要的是受人愛戴。雖然銀行也有繼續派人過來，但卻沒讓他們當社長。」

當時樋口對筆者這麼說。只有拿到「SUPER DRY 大賣」成績的樋口才有辦法決定高層人事，這也可算是樋口的本事之一。

交接典禮是在一九九二年七月中旬的某個酷熱午後，於農業政策俱樂部進行。成為會長的樋口及就任社長的瀨戶站上舞台，兩個人都沒特別的發言，交接典禮按照流程順利結束。留下被記者團團包圍的瀨戶，樋口往俱樂部的沙發一坐，對在場的數名記者說：「你們想知道什麼，我都可以回答」。

於是筆者提了個稀鬆平凡的問題，「在任六年半，您覺得最辛苦的是什麼？」不過卻聽到了令人意外回答。

「這個嘛，就是宮崎輝先生的事。雖然他在今年的四月已經過世了（享年八十二歲）。宮崎先生一開始說要拿走 NIKKA（NIKKA 威士忌），但好像還是不滿足，最後連朝日啤酒都想要。在我身為社長的時期，有很多時間都在煩惱要如何應付宮崎先生。我曾歷經了 SUPER DRY 暢銷、投資大型設備，以及投資 Fosters（澳洲的啤酒公司）等事情，但這些跟宮崎先生相比簡直是小巫見大巫。」

在第二章曾經提到，宮崎輝是被稱作旭化成先生的經營者。旭化成與朝日啤酒產生交集始於一九八一年，當時京都的醫療法人十全會將收購朝日啤酒一〇％的股票，透過住銀的總經理磯田一郎轉賣給旭化成。於是一九八一年十月，兩間公司不但在業務方面相互提攜，人事方面也開始進行交流。

從宮崎的立場來看，如果旭化成想要拓展日本酒及燒酒、原料用酒精、罐裝 CHU-HAI 等酒類事業的話，就需要朝日啤酒與 NIKKA 吧。只要手中握有啤酒事業與威士忌事業，就能夠像朝日一樣，讓綜合酒類事業版圖更加完善。因為有日本酒這一項商品，所以旭化成所從事業範圍要比三得利更為寬廣。

順帶一提，在宮崎驟逝後的第十年，也就是二〇〇二年朝日啤酒收購旭化成的燒酒、低酒精飲料事業。最後就是，朝日以發展綜合酒類事業為重心，而旭化成則是將虧損部門出售，將經營資源集中在化成品與住宅等主力事業上。往回看一九四九年，因為GHQ的關係大日本麥酒分解成了朝日與札幌兩間公司，而這促進了戰後的啤酒產業發展。在之後的戰後歷史上，業界重整要素成為不斷被拿出討論的課題。甚至會出現，即使有暢銷商品，喔不，就因為有暢銷商品，反而會讓公司承受M&A（企業的合併收購）的強力施壓。

就算現在市場仍以四家啤酒公司為重心，但重整的壓力還是隨時都可能爆發。這都是因為少子高齡化、人口減少讓市場縮小的關係。

投資失敗

瀨戶雄三將於一九九二年九月就任朝日社長，而等著他的是樋口所留下的「負面遺產」。在第四章曾經提到，自泡沫經濟時期開始，朝日積極果斷地投資設備，以及進行海外投資，但在海外投資方面卻慘遭滑鐵盧。就跟大部份的日本企業一樣，朝日也投入了金融科技產業。但這項投資卻讓朝日產生了許多呆帳損失，必須進行核銷處理。在股票市場下滑的一九九〇年代，想要籌備資金並沒那麼容易，但樋口卻沒因此而退縮。

在一九九〇年，朝日因為有「利用海外公司的銷售網能將 SUPER DRY 推向全世界」的想法，所以才對澳洲大型啤酒公司 Fosters（福斯特）投資了八百億日圓（二〇％）。但是在啤酒銷往全世界之前，福斯特公司卻陷入了困境。雖然該公司擁有當時全世界第四大啤酒事業，但因為是聯合企業（Conglomerate），所以啤酒以外的其他事業都呈現赤字。在朝日出資後，內部發生紛爭，經營變得十分混亂。最後在瀨戶社長時期的一九九七年，朝日以六百億日圓左右，賣掉了福斯特大部分的股票。

「實際大概只損失了兩百億日圓，但如果把匯兌損失也算進去，那麼損失金額大概就有五百億日圓」，二〇〇二年四月，已經退居顧問的瀨戶是這樣跟筆者說的。

「在就任社長的一九九二年年底，計息債務有一兆四千一百一十億日圓。這一年的合併銷售額為九千四百九十億日圓。也就是說，負債是銷售額的一．五倍」。由於當時並沒有合併揭露義務，所以了解朝日財務狀況的只有社長瀨戶一人，以及極少部分的幹部而已。

瀨戶在一九九三年一月提出「提高銷售額與效率化」的具體方針。希望能藉由提高市占率來增加銷售額，並且一年要降低一百億日圓的成本。實際上，瀨戶大概花了十年的時間重整財務。在二〇〇〇年度進行赤字結算之前，專心清除財務方面的「積弊」。

「樋口擔任社長的最後三年，也就是從一九九〇年至一九九二年，市占率不是下跌就是停滯不前。停滯的原因包括了商品暢銷讓員工鬆懈散漫，欠缺緊張感，以及公司本身的問題」瀨戶感嘆地說。

由樋口創辦的高爾夫大會、歌劇公演和巴黎的餐廳事業等，全都在瀨戶就任社長之後被逐一取消了。公司已經負債累累了，必須整理掉一些花錢的活動。但也因此讓瀨戶與會長樋口之間的關係產生裂痕。

就任會長的樋口，從吾妻橋總公司搬遷到過去的總公司京橋大樓。這是因為公司內部不能夠有「雙頭政治」出現。但帶著「讓朝日重新站起來」而自負的樋口，似乎對瀨戶的做法有些不同意見。另外也有人表示「這不只是對經營的看法不同，也不是銀行家與老員工的身分差別，我想這更有可能是出身於京都商家的樋口，以及在富裕的神戶貿易商家庭成長的瀨戶之間所產生的微妙差異，讓兩個人之間出現了鴻溝」（當時的朝日幹部說）

但兩個人的關係在一九九四年、一九九五年出現轉機。樋口在一九九四年二月成為防衛問題懇談會主席，然後在一九九五年五月就任日本經濟團體聯合會副會長。也因為如此，樋口將重心從朝日轉移到了其他地方，幸好公司內部並沒有發生太過混亂的狀況。

酒類銷售自由化的浪潮

一九〇〇年代，啤酒產業所處的環境產生了巨大的變化。

在一九〇〇年代前期，一直是由握有酒類銷售證明的酒商來決定定價。唯有遵守酒商證明，才能夠讓廠商、批發商及零售商利益均分。

但是在稱為建值制（報價系統）機制下，銷售價格就會按照廠商、批發商及零售商「七比一比二」的比例分配。看起來好像廠商拿到最高的比例，但支付日本高額酒稅的是廠商，而且廣告宣傳也是廠商負責的，所以廠商並沒有想像的賺得多。

酒類販售是在太平洋戰爭開戰前的一九三八年開始施行證明制，之後酒類銷售就被酒商壟斷。在高度成長期間或許能維持這樣的構造，但在進入到一九八〇年代，啤酒業界面臨規定鬆綁的聲浪，市場自由化也正式開始。

收到「第二次臨時行政調查會（土光臨調：以擔任會長的土光敏夫[14]命名）」以及「新行革審」的答覆後，一九八九年六月國稅廳修改了《酒類販售業證明等交易綱要》。因為如此，開始階段性推動酒類販售自由化（在二〇〇六年，可自由在所有地區進行酒類販售）。

另外，其他領域的規定也逐漸鬆綁。

在一九九一年前後，美國政府向日本提出了，希望能支援打算進軍日本的ToysRus（玩具反斗城）等美國零售企業的要求（比較像施壓），於是修改（鬆綁）了大型零售店法（後文簡稱大店法）。

最後不只是美國企業，國內的大型購物中心及超市等大型店鋪的展店變得比較容易。更進一步的，從一九九三年開始，頒發酒販證明給新開大型商店的相關規定也鬆綁了。

當時最大的超市大榮百貨（DAIEI），在一九九三年十二月從柏林直接進口「Bergen Brau」啤酒（三三〇毫升一罐），以不包含消費稅一二八日圓的價格，當作是自家品牌來販售。「SUPER DRY」與「一番搾」等日本啤酒，都是一罐三五〇毫升二二〇日圓，所以「Bergen Brau」可說是當時「價格破壞」的代表。

大榮百貨的經營高層是中內功。他是一位創業家，以藥品及家電用品的「破盤價」為口號來促銷商品。他因與松下幸之助[15]之間以定價販售為基礎的激烈競爭而聞名。

隔年的一九九四年五月，財政陷入困難的政府提高了啤酒稅。這讓四家大型啤酒公司的業績停滯不前，大瓶（六三三毫升）一瓶的售價增加了一〇日圓，都是賣三三〇日圓，而三五〇毫升的罐裝啤酒則都是二二五日圓。

有關增稅，通常都是四家公司一起的。不過大榮似乎是要趁著廠商漲價的時候，反而採取降價策略。把之前都是以二一三日圓販售的三五〇毫升的罐裝啤酒，在四月

14　土光敏夫：日本昭和時代企業家，工商界人士。

15　松下幸之助：松下電器創辦人，現在的 Panasonic。

降價到一九八日圓。此作法被稱為「大榮打擊」，這讓其他的超市也跟著一起降價。

讓大型超市降價的原因，是因為想對抗在一九九〇年代興起的酒類折扣店。

以大榮降價為分界，啤酒變得不再是「一物一價」，不管是酒販定價販售，或者是建值制都面臨崩壞。握有啤酒價格決定權的不再是廠商，取而代之的是超市及超商這種大型零售商。

現在是「如果廠商說因為原物料價格上漲，所以要提高商品定價的話，我們這些流通業者也只能接受。不光是啤酒其他食品也都一樣。這跟中內先生那個時代不同了」（中型超市的採購如此說）。

先不管其原因如何，這種情形讓把麒麟拉格的瓶裝啤酒裝箱分送到各個家庭的街坊酒商在價格上失去競爭力，商業模式逐漸轉型為超商購買。因為這樣，一直支撐麒麟高市占率的「酒商的啤酒配送」也隨之消失了。

消費行動的變化及氣泡酒「HOP'S」

像過去那樣，除了代表「惠比壽」的 PREMIUM 啤酒外，其他四家公司的代表品牌都能夠在全國酒商以同樣價格買到的傳統商業模式不負存在。

消費者的消費行為已經改變了，譬如主婦會到超市或購物中心等，一次就把所有需要的商品購買齊全，其中也包括罐裝啤酒在內。比較過廣告傳單上的價格之後，選擇便宜的購買，然後還可以順便買一些蔬菜跟肉類。

而在這裡會被挑選買走的罐裝啤酒有，在泡沫經濟時期初期上市的「SUPER DRY」，以及泡沫經濟崩盤時開始銷售的「一番搾」。

一九九三年開始販售的輕型車鈴木「Wagon R」，還有一九九四年推出的本田「Odyssey」等，有著寬敞行李箱的車款相繼出現並且大受歡迎，這些都與因大店法的修改使得大型商業設施增加，讓消費者的消費行為發生變化有關。

在第一章曾指出，在一九九四年四月鬆綁了要求廠商必須遵守最低生產數量的規定，連帶在地啤酒（現在的精釀啤酒）也跟著解禁。國家因為酒稅法的修正，讓最低生產數量從每年的兩千升降低至每年六〇千升，這讓啤酒公司在生產量得到緩解。因為大型廠商繳交了高昂的啤酒稅，所以國家就設置了最低生產數量這道關卡，防止太多新的啤酒公司加入——所謂「你幫我，我幫你」的互助關係也煙消雲散了。

在啤酒商戰中陷入苦戰位居第四名（當時）三得利，一九九四年十月在靜岡市推出日本首次上市的氣泡酒「HOP'S」。因為酒稅便宜，所以一罐三五〇毫升的啤酒含消費稅的價格是一八〇日圓。這比當時的啤酒要便宜四五日圓。在泡沫經濟崩壞的不景氣中，三得利希望能以價格來取勝，脫離最糟糕的時期。三得利在一九九四年的市占率是五・九％，但是在全國開始販售「HOP'S」的一九九五年，市占率回到了六・七％。

依照當時的酒稅法，只要原材料當中有六七％以上是麥芽，就可以算是「啤酒」。而麥芽所占比例只有六五％的「HOP'S」，因為繳交的酒稅較低，所以能夠壓低售價。

另外關於大榮的「Bergen Brau」，因為錯估市場需求量而產生大量庫存，最後迎來失敗。加上釀造的啤酒會因為用船運送的距離遠到需要通過兩次赤道，導致啤酒走味，這樣的結果令人十分痛心。但在二〇一〇年前後，大型流通公司也開始委託啤酒公司生產自家品牌，或是啤酒系飲料。

一九九四年的轉折點

生產「Bergen brau」的是英博（InBev）。之後在全世界財富過剩的背景下，經過不斷的M&A，現在是世界最大的安海斯－布希英博（AB InBev）。即便如此，在一九九四年當時，它還只是家跟麒麟有著差不多規模的啤酒公司。但位於柏林的英博因為國內市場太小，所以必須前進海外拓展業務。

雖然規模差不多，但不過身處人口超過一億的日本麒麟，每天所面對的都是國內啤酒市場的競爭。而反觀AB InBev，它不但是一間啤酒公司，同時也是一間投資公司。其實包括麒麟在內，國內的四家啤酒公司都是以「製造」為重心的製造商。

另外，一九九四年的啤酒出貨量加上氣泡酒銷售量的市場規模，大概有五億七千三百二十一萬箱，這是到現在二〇二三年為止保持的最高紀錄。

若將「SUPER DRY」開始販售的前一年一九八六年（銷售量三億八千八百六十六萬箱）以及巔峰期的一九九四年做比較，啤酒市場規模在八年內擴大了五成。

在新冠疫情爆發前的二〇一九年，啤酒類（啤酒、氣泡酒、第三類啤酒）的銷售量有三億八千四百六十八萬箱。跟一九九四年相比，市場在經過了四分之一的世紀後，縮小了三一％左右。而在新冠疫情爆發的二〇二二年，市場規模大約是三億三千九百一十四萬箱，而這跟一九七八年差不多（三億四千六百六十五萬箱）。如果把一九九四年的市場當作一〇〇％，那就是有五九％的規模。將一九九四年之所以會成為啤酒產業轉折點的理由整理如下。

①市場規模創下過去最高紀錄。

②大榮打擊。啤酒稅提高使得廠商跟著提高售價，但最大流通公司卻反其道而行，降低啤酒的售價。使得其他超市也跟著降價。

③PB（自有品牌）啤酒的出現。大榮在前一年的年底積極販售柏林產的PB啤酒。

④在地啤酒（精釀啤酒）解禁。最低生產數量的限制鬆綁，新的啤酒廠陸續加入。

⑤三得利開始販售氣泡酒。開始與大藏省（現財務省）進行酒稅攻防戰。

規定鬆綁的同時也會強化流通企業的實力，定價販售與建值制等過去的既得利益開始崩壞。取代紮根於地區的酒商，啤酒銷售的重心變成在大都市設立總公司的超市或超商等零售業集團。因泡沫經濟崩壞導致經濟不景氣，所以消費者喜歡便宜實惠的商品，而這會讓商戰變得更為激烈。

稅務局計畫提高氣泡酒的稅

在氣泡酒部分，札幌也於一九九五年以「THE DRAFTY」這項產品加入氣泡酒市場。酒稅要比「HOP'S」便宜，麥芽比例不到二五％，希望售價則是三五〇毫升含稅一六〇日圓。價格比「HOP'S」便宜二〇日圓。

順便了解一下，當時的稅率分成三個階段，啤酒一公升是二二二日圓。麥芽比例未到六七％為氣泡酒，稅率是一公升一五二・七日圓。未滿二五％的則不論公升數，都是八三・三日圓。

「總之先試著推出麥芽比例未滿二五％的，觀察市場的反應再進行調整的作戰方法。景氣蕭條加上大榮的 Bergen Brau 出現，讓市場走向低價策略」，札幌的幹部曾經這麼說。

價格便宜的氣泡酒市場就此形成。

然而稅務局當然注意到了這個變化，當時的大藏省以「氣泡酒」為對象，計劃要在一九九六年度提高稅率。尤其是「HOP'S」，不管是釀製方法還是味道幾乎都跟啤酒一樣，而且有許多消費者會把它當作啤酒替代品來飲用，因此以「差別稅率是不公平的」為理由來增稅。

大藏省的酒稅修訂原提案是在一九九五年十二月十五日發表的，看到提案內容的三得利關係者受到很大的衝擊。過去只有麥芽比例設定在六七％以上的才歸類為啤酒，但是在酒稅修訂提案中，麥芽比例超過五〇％就要以啤酒的稅率（一公升二二二日圓）來繳稅。

如果是按照酒稅修訂案，麥芽比例六五％的「HOP'S」就必須跟啤酒繳納相同的稅金，而這就失去了節稅的意義。原提案中，二五％以上但未滿五〇％的稅金是一五二・七日圓，未滿二五％的話，則是只有從八三・三日圓增加到一〇五日圓，增稅幅度不太大。修訂時期訂在整季結束的一九九六年十月。

三得利「SUPER HOP'S」的密謀

三得利也投入開發麥芽比例低於二五％的好喝氣泡酒。

將主要原料麥芽的比例設定在低於二五％的話，那麼酵母可以吃的「主食」就減少了。相對的，維他命及礦物質等營養成分也會減少，酵母的活力也會跟著減弱。所以就一定要用某個東西來代替減少的主食份量。

負責解決這個難題的是當時三得利的技術人員中谷和夫。中谷決定使用「被糖化的澱粉」來代替減少使用量的麥芽。所謂「被糖化的澱粉」是指以玉米為主原料做成的糖漿狀液態糖。

「因為時間有限，沒有多餘時間可以找其他替代方案了，所以乾脆就決定用『被糖化的澱粉』了」中谷是這樣告訴我的。

雖然說是「乾脆決定」，但當時的中谷在技術方面是有底子的。中谷從一九七五年起，大約有一年半的時間都在研究麥芽比例不到二五％時的釀造方法。目的不是要商品化，而是研究要如何提高生產效率，而多虧了這份研究，收集了不少可做為參考的數據。雖然是二十年前進行的基礎研究，但是在會影響公司存亡的重要時刻卻能發光發熱。

試作品完成後，會長佐治敬二，副社長佐治信忠一起確認是否可商品化。但還是有個問題，那就是必須設置「被糖化的澱粉」專用的酒槽。在酒槽工程結束之前並沒有辦法量產，如果要在五月份需求量最大的時候開始販售，那麼最晚要在三月中旬就要開始釀造，但這根本無法辦到。

預定負責生產的是武藏野工廠（當時。現在的名稱是「三得利〈天然水啤酒工廠〉東京武藏野」）。就是出現在歌手松任谷由實的名曲〈中央高速公路〉中的啤酒工廠。要在作業中的工廠安裝新設備的話，就算用最快的速度來施工，最起碼還是要等到五月份的連假才有可能完成。

「可不可以想想辦法呀，大家一起集思廣益」。啤酒事業部門的幹部號召大家一起想辦法。

「有其他驚人的方法」來自生產部門的提案。

就是把運送「被糖化的澱粉」的槽車停在武藏野工廠內，然後從槽車接水管到煮沸釜，直接把材料輸進去就可以了。這妙計是直接以車輛的液態槽來取代專用酒槽。

「要使用幾台槽車呢？」三得利與糖化澱粉製造商、運送業者之間進行嚴密的討論，並且以人工操作的方式加入「被糖化的澱粉」。

因為有了這個變通的方法，讓麥芽比例低於二五％以下的氣泡酒得以商品化，並且以「SUPER HOP'S」名稱，開始在一九九六年五月二十八日正式販售。

不只是搶在酒稅修訂之前，甚至是在夏季啤酒商戰開打之前，以迅雷不及掩耳的速度開始銷售。

希望售價是一罐三五〇毫升一五〇日圓。比札幌的「The DRAFTY」要便宜一〇日圓，破壞了業界相同定價的體系。

中谷發想出「使用被糖化的澱粉作為主要原料」的釀造方法，成為之後其他公司釀造氣泡酒商品時的參考。

而在二〇〇三年，札幌開發的「第三類啤酒」也同樣採用了「被糖化的澱粉」的釀造技術。

麒麟與朝日的情報戰

在啤酒業界局勢瞬息萬變的時期，一不小心麒麟就掉入混亂的漩渦中。

一九九三年七月，「提供勒索者非法利益事件」被發現了。公司員工中有人被捕，這讓身為名門企業的麒麟商譽受損。本山英世會長等為了負起責任而辭去職位。

經過大榮打擊等震撼業界事件的一九九四年過去了，但到了一九九五年八月，卻發生了在暢銷新商品中混入細菌。雖然是對人體無害的細菌，但卻出現了啤酒酒體混濁，且會散發出怪味道的案例。原因就出在，釀造生產的取手工廠在過濾程序中，負責洗淨、殺菌的泵浦壞掉了。

然後在一九九六年一月，麒麟發表了將主打商品「拉格」從熱處理啤酒改成生啤酒。而在前一年的一九九五年春天，朝日推出了「生啤酒銷售第一」為宣傳語的廣告。在報紙、雜誌跟電視都可以看到。

一九八七年，在開始販售「SUPER DRY」的啤酒銷售比例當中，生啤酒與其他種類的啤酒是不相上下的，但是在一九九四年的銷售量中，大約有七五％是生啤酒。

只不過，朝日早在一九八八年就創下「生啤酒」銷售第一。但經過了六年才打出

「NO1」的廣告是有原因的。

「朝日在這個時候下了很大的賭注，目的是要讓麒麟做出錯誤的判斷，這是利用廣告宣傳的資訊策略。」

當時的朝日幹部曾經跟我說。之所以冒著風險下這個賭注，是因為朝日背著龐大的負債，不得不提高市占率、提高銷售額的這個理由。

姑且不管朝日的理由，一九九四年麒麟的市占率有四九．〇%，而朝日雖然已經擺脫了樋口時代後期的停滯，但還是只有二六．〇%，只有麒麟的二分之一。比起這一年的豐田與日產兩家汽車公司的市占率差距要大許多。

啤酒市場中的第一品牌「拉格」在一九九四年的銷售成績有一億五千一百五十萬箱。而第二品牌的「SUPER DRY」是一億二千一百五十萬箱。雖然差距縮小了，但還是有三千萬箱，以市占率來看，大概有超過五．二%的差距。拉格的固定粉絲大部分都集中在中、高年層。

而朝日打出「NO1」的廣告其實也是一項「危險的賭注」。

要是麒麟靜觀其變的話，應該就不會採取太大的行動。如果麒麟讓「拉格」維持不動，而是去力推同樣是生啤酒的「一番搾」的話，那麼朝日應該就會陷入苦境。

「一番搾」跟「SUPER DRY」的主要是以罐裝啤酒為主，在超商都賣得很好，受到二十代年輕人跟女性的歡迎，不但如此原本不少喝「拉格」的消費者也都改喝這兩款等，共通點相當的多。

實際上，受到朝日「生啤酒銷售第一」的廣告影響，麒麟內部的業務部門極力主張「唯有把拉格改成生啤酒才有讓銷售量起死回生的可能」。業務部門希望「拉格」的銷售量不要再繼續下滑，所以認為只要把「拉格」當作是生啤酒，「SUPER DRY」就沒辦法穩居「生啤酒銷售第一」了吧！

但行銷部分卻十分地反對。「拉格已經有固定的粉絲了，如果為了要做成生啤酒而變了味道，那就可能會失去固定的粉絲了。更何況到目前為止，拉格都穩坐啤酒銷售第一的寶座」。行銷部門將支持自己論點的資料彙整起來，在全國分店會議中發放，試圖阻止業務部門去更動商品策略。然而最後還是無法阻擋業務部門。

一九九四年起，麒麟業務部門想要將銷售重心放在「拉格」身上，於是展開了「拉格置中運動」，完全沒有「力推『一番搾』」等選項或是想法。這都是因為當時大部分的麒麟員工長期沉浸於「拉格」讓公司獲得壓倒性第一的「自我良好感覺」中。「拉格」是他或她的靈魂，「SUPER DRY」就不用說了，是就連自家公司的「一番搾」也絕對無法超過的神聖領域。對無法擺脫過去成功經驗，以及失去彈性的公司體制產生危機意識的，只有桑原跟前田這兩個人。但他們都已經不在公司了。繼桑原之後，前田也在一九九三年被調往分公司的洋酒製造商。

一九九六年一月，生啤酒化的「拉格」逐漸失去原本的優勢。同年六月，雖然只有一個月的短暫時間，「拉格」就被「SUPER DRY」追趕過去。而在那之後，「SUPER DRY」的氣勢逐漸增強。

一九九六年三月，取代真鍋成為麒麟社長的是會計出身的佐藤安弘。在「提供勒索者非法利益事件」中，佐藤是直接負責的幹部。

就任社長之後，佐藤決定要投入氣泡酒的開發。而且是極機密的。

「歐美本來就沒有在區分生啤酒，還是經過熱處理的啤酒。最起碼在德國，生啤酒並不等於Draft Beer。他們所說的Draft Beer是指裝在木桶的啤酒。正因為如此，裝罐或是裝瓶的啤酒，即使沒有經過熱處理也都不能說是Draft Beer」（有駐德經歷的啤酒廠商幹部如此說）。順帶提一下，Draft 具有「萃取」與「從酒桶取出」的意思，「而在德國，桶裝啤酒叫做 Fast Beer（Draft Beer）。也就是說，從酒桶以 Vom Fass（現裝，秤重賣）的方式販售」（前面有駐德經驗的幹部說）。

如前面所述，日本公正取引委員會在一九七九年做出「生啤酒或是 Draft Beer」為「不經過熱處理的啤酒」的定義。而且在一九九六年，因為麒麟將「拉格」生啤酒化，使得四大啤酒公司所釀造的啤酒幾乎都變成生啤酒了。

但是「從世界的角度來看，日本的啤酒市場被『加拉巴哥化』[16]。」（前面有駐德經驗的幹部說）。

但另一方面，「世界上，其實也有區分生啤酒以及經過熱處理啤酒的。譬如美國在一九八六年開始販售的 Miller Genuine Draft（美樂啤酒），就強調是未經過熱處理的生啤酒。現在的美國 Draft Beer 中，Sierra Nevada（內華達山脊）與 Widmer Brothers（威德曼兄弟）的啤酒是沒有經過熱處理的，而 Samuel Adams 則公開表示桶裝的是生啤酒，而瓶裝是經過熱處理的」（其他啤酒廠商的前幹部的意見）。

相對於此，也有「這些都是次要的，不是最主流的意見。尤其是 Miller（美樂）

自從跟 Budweiser（百威）開始競爭後，就投入了 Genuine Draft 這項產品的釀造，但最終還是無法超過百威」（前文提及有駐德經驗的幹部的說法）。

麒麟技術部門的前幹部說。

「讓巴斯德發明的熱處理工序得以在啤酒業界給予確立的是，Budweiser 的美國安海斯—布希公司（現在的安海斯—布希英博集團）。發明了像是淋浴似的，將熱水澆在輸送帶上瓶裝啤酒上的箱型裝置（巴斯德殺菌法），安海斯—布希公司在處於開拓時期的西部大獲全勝。而日本的啤酒公司也跟安海斯—布希公司安裝了同樣的設備，將經過熱處理的啤酒商品化，其代表商品就是麒麟的拉格。而這為戰後時期打下了基礎」。

順帶一提，以全世界企業重整來看，Miller（美樂）現在也屬於安海斯—布希英博集團了。

麒麟幹部指出「拉格」生啤化一事「那只是個烏龍」，其實也是戰後啤酒商戰的

16　加拉巴哥化：Galapagosization，日本商業用語，指在孤立的環境（日本市場）下，獨自進行「最適化」，因而喪失與區域外的互換性，面對來自外部（外國）適應性（汎用性）和生存能力（低價格）高的品種（製品・技術），最終陷入被淘汰的危險。

分水嶺，這讓未經熱處理啤酒佔據了大部分，而這或許是形成日本獨特啤酒市場的一個轉折點。

開 Wagon R 上班的朝日社長

一九九七年的秋天，朝日啤酒社長瀨戶雄三前往濱松的鈴木總公司拜訪，與當時的社長鈴木修會面，當然是為了要推銷啤酒。順帶一提，鈴木修與瀨戶都是出生於一九三〇年。一九四五年八月十五日第二次世界大戰結束時，鈴木修成為寶塚的海軍飛行預科練習生，而瀨戶則是在神戶三中（現在的兵庫縣立長田高中）的教室，製作能使用於高射炮的精密零件。

朝日的濱松分店店長告訴剛剛抵達濱松車站的瀨戶「今天會乘坐有點與眾不同的車子」，而這輛載著瀨戶的「與眾不同的車子」停在位於鈴木總公司正門的停車場。公司幹部引導瀨戶一群人，進入位於正門正前方褐色的三層樓建築物。

一樓沒有半個人，非常的安靜。連詢問櫃檯都沒有。完全無法想像這是將事業版圖拓展到印度等各國的企業的總公司窗口，十分的簡單樸素。但這也代表了鈴木公司在削減成本上做得非常徹底。

取代詢問櫃檯的是，放在櫃台上的一台小電話。分店長打內線通知到訪。對方只回覆「請直接到三樓」。

在跟小學教室差不多大小的房間等待，最後終於等到有人來了，「歡迎，我是鈴木修」，外面套著一件工作服，連同裡面那件白色襯衫的袖子一起捲起，有著長長眉毛的男人突然出現。

就像是一個頑皮少年突然闖進來的感覺。

瀨戶站起身來，深深地鞠躬，兩人交換了名片之後，瀨戶馬上面帶笑容說「我們今天是坐 Wagon R 來的」。Wagon R 是當時在同一汽車種類當中，銷售台數能夠超越「Toyota Corolla」的鈴木輕型汽車。

然後鈴木修面帶笑容，用響亮的聲音回說「喔~這樣子嗎」。

但這個時候的鈴木修卻是這樣想的。

「那個不可一世的朝日啤酒社長，怎麼可能會坐 Wagon R，一定是坐賓士還是 Toyota 的皇冠來的。肯定是在挑別人愛聽的話在講，這個社長是個會讓人感到意外的狸。」

兩人氣氛融洽的聊著，然後瀨戶說「希望在鈴木汽車的宴會也能提供我們公司的SUPER DRY，拜託您了」再次深深地一鞠躬。

鈴木修大聲笑著回「太客氣了，哈哈哈」，然後身體往後靠，裝出不好意思的表情，希望能將瀨戶的拜託隨便搪塞過去。

瀨戶從品牌優勢薄弱的時期開始，便四處推銷朝日啤酒，是一位從業務領導者晉升成為社長的人物。而鈴木修也是以TOYOTA、日產為競爭對手，到全國各地推銷輕型汽車，是汽車業界具代表性的業務員。

兩位超級業務員一來一往的表演，在融洽的氣氛中，時間很快就過去了。或許對頂尖業務員來說，氣氛融洽是最低限度的禮儀吧！

談話結束後，鈴木修通常會送客人到一樓的入口處，但這次卻只送瀨戶到電梯口。鈴木修馬上回到了社長室，拉開一點窗簾，偷偷地觀察「朝日社長到底是坐什麼車」。

結果如何呢？一輛「Wagon R」緩緩地開出停車場，開到正門後停車，下車到守衛室簽名的是剛剛一同來訪的朝日濱松分店的店長。原來瀨戶真的是坐Wagon R來的。

輕型汽車從正門開出去後，立刻左轉，往市區行駛而去。

瀨戶的確是坐 Wagon R，鈴木修輸掉一局。

鈴木拉出辦公桌的抽屜，拿出便條紙與筆，然後立刻開始寫信。

寫下了「守衛緊急向我報告說『瀨戶社長是坐 Wagon R 來的』」，雖然有一部分是「美化過的內容」，但還是將出於瀨戶社長來訪以及乘坐 Wagon R 等感謝之意全部寫在信上。

不光是如此。這件事情過後，鈴木除了「SUPER DRY」之外，其他啤酒都不喝了，而且鈴木汽車的相關設施所提供的啤酒也全換成朝日的。更進一步，在全國各地舉辦的銷售大會所提供的啤酒，也都統一選擇「SUPER DRY」。要是提供會場的飯店不是使用朝日的話，就會請他們特別去訂購。為什麼要做到這樣呢，理由其實非常單純。

鈴木說：「日本的啤酒公司都是大企業，但願意到我們位於濱松的公司拜訪的，只有朝日的瀨戶社長。」

在這件事情之後，朝日公司內部規定「守衛先生也都在觀察我們，所以業務在離開客戶公司之前的所有舉止都要特別注意」。這個想法本身是正確的，但這並不是這次成功推銷的真正理由。

成功的理由之一，就是瀨戶特別親訪鈴木位於濱松的公司來推銷。再來最關鍵的，就是朝日濱松分店，也就是業務第一線讓瀨戶坐「Wagon R」的這個基本提案。對方越是大人物，越是要展現出業務的基本態度。

另一方面，朝日社長瀨戶頻頻前往銷售第一線，這也就表示啤酒商戰越演越激烈。

天才行銷人員的手腕

在同一時期，麒麟的氣泡酒開發遲遲沒有進展。

不但如此，麒麟的佐藤安弘社長在一九九七年九月的記者會上，做出「氣泡酒會提前在一九九八年開始販售」的發言，而這似乎是「說漏了嘴」。

沒有任何進度，而且距離販售只剩下四個月。通常新產品開發至少要一年。但要是商品沒有完成的話，不論是消費者還是股東一定會嚴厲的指責。

「只能靠那個男人了。」

在一九九七年九月底，被派任到分公司的洋酒公司的前田仁突然被調回到麒麟總公司。而且還是負責管理五十名左右員工的商品開發部（行銷部）的部長。此時的前田是四十七歲。四十幾歲成為部長的，在麒麟公司就只有前田。

佐藤委託擁有「一番搾」實績的前田負責開發氣泡酒。

回到總公司時，前田的職位級別是副理事。原本公司規定，如果不先成為理事是沒辦法成為直系部門的部長，但是佐藤無視規定起用前田擔任部長。而前田大約在半年之後才正式升格成為理事，基本薪資跟業績獎金都高出許多。

距離當初「一番搾」商品化的同時，卻被調到了葡萄酒部門的日子已經超過七年半了，而現在有志難伸的時期終於結束了。

順帶一提，從一九八六年至一九九七年的這十一年，麒麟其實推出了四十七項新的啤酒商品。到目前仍有在販售的只有四款，賣得最好的是「一番搾」，接著是「HEARDLAND」，兩款啤酒都是出自前田的作品（其他二項分別是期間限定的「秋味」，以及頂級啤酒（Premium Beer）「BRAU MEISTER」。這二款啤酒是仰慕前田的部下們在前田調到分公司時製造的）。

作為最年輕的部長回到總公司核心的前田，再次被寄予厚望。就像「一番搾」的那時候。

最後，麒麟第一款氣泡酒「淡麗」在一九九八年二月推出，銷售率相當的好。前田順利交出成果，所以獲得了提拔。

知道當時狀況的麒麟關係者解釋：

「因為部長前田先生『校長兼敲鐘』，一個人把所有事情都攬下，就因為這樣，才能夠在短時間內完成商品開發。雖然有團隊，但他們只能從旁協助前田先生。即使是公司外部的人員，前田先生也聘僱在開發「一番搾」時就一起合作過的美術總監及設計師。經過了七年半，他們大部分都退休了，但還是願意協助前田先生，而這應該也是成功的主要關鍵。」

另外還有其他麒麟前幹部指出「行銷部門在開發氣泡酒陷入苦戰一事，前田先生一定是知道的。所以他肯定在還沒回到總公司之前，就預先設想過『如果是自己的話就會這樣做』」。

一支名為實績的逆轉全壘打，讓天才行銷人員前田的復活實至名歸。之後也參與了健康系啤酒的暢銷商品「淡麗 GREEN LABEL」、罐裝 Chu-hai「冰結」、第三類

啤酒「のどごし（NODOGOSHI）〈生〉」等許多麒麟的暢銷商品，最後甚至是升到Beverage（麒麟飲料公司）的社長。

就像《半澤直樹系列》那樣，前田在大型組織的權力遊戲中，毫無懸念的貫徹本身信念，但是他跟半澤最大的不同之處在於，即便是勢不兩立的對手，前田也絕不會採取報復行動。

前田在後期曾經對部下說：

「行銷是一種技術，必須具備左腦的「邏輯」、右腦的「創造」，以及「順應」這三個要素。藉由右腦加乘左腦的計算，構思出新商品或是新的戰略。

但是像新商品及新戰略這種過去不存在的東西，肯定會破壞掉某些既有的東西，而公司內部難免產生摩擦及爭鬥。正因為如此，所以才需要順應。在爭鬥中，並不是除掉反對者，而是以順應的方式，讓原本抱持著對立態度的人也能接受。透過這三項行銷技巧讓新商品可以大賣，推動新戰略時不會出現對立的人。」

製造新商品，創造新價值的行銷，無論如何都很容易成為既存勢力攻擊的目標。這是因為對既存勢力來說，行銷就是會破壞既得利益的人。而且行銷所追求的是創造性，因此很難成為拋棄自我的「Yes Man」。

我想不管是在哪一個業界，都不會有人一開始就很擅長口是心非吧！即便是對立的人，前田也不曾反擊。那是因為前田關心的並不是公司內部而是「客人」。他什麼事情都能忍受，以連續創造暢銷商品來「加倍奉還」。正因為是這樣廉潔，沒有私慾的男人，即使是在二〇二〇年去世之後，還是受到許多部下及後輩們的愛戴。

啤酒與氣泡酒的競爭

一九九八年二月開始販售的氣泡酒「淡麗」，在年底之前銷售出三千九百七十四萬箱。不只是比原本一千六百萬箱的銷售目標高出許多，而且在所有啤酒類（啤酒、氣泡酒、第三類啤酒）中，創下新商品初年度的銷售紀錄。到二〇二二年為止，還沒有商品破此紀錄。

一九九八年麒麟的啤酒加上氣泡酒的出貨量要比前一年增加了〇．五％。雖然只有微幅上漲，但是從一九九四年以來，事隔了四年，實際成績終於比前一年高。這一年的啤酒、氣泡酒市場，麒麟的市占率有四〇・三％，增加了〇・一個百分點。

只不過單就啤酒的出貨量來看，要比前一年大幅減少了一七・五％。這是因為「淡麗」及「拉格」等啤酒商品相互競爭所致。

另一方面，沒有加入氣泡酒戰場的朝日，其市占率比一九九七年增加了一・八個百分點，有三四・二％。只不過相較於麒麟扣除掉氣泡酒，只看啤酒的市占率就有三八・四％，朝日則有三九・五％。朝日終於在只有啤酒的市場上，勇奪市占率冠軍。這是自三社鼎立的一九五三年以來，隔了四十五年才拿到的第一。

「氣泡酒是啤酒的偽造品。」

朝日最高領導人的瀨戶雄三是這麼主張的。

三家競爭對手認為，這就是「朝日不推出氣泡酒」的理由之一。但最高領導人是會換人的，這樣一來說不定公司的方針就會改變。

朝日不將氣泡酒商品化的可能原因，其實在其他地方。

氣泡酒跟「SUPER DRY」一樣，都是透過提高發酵度來釀造。只有在原材料的麥芽比例不同，而兩種都是屬於「清爽」的風味。

因為如此，要是朝日投入了氣泡酒開發，「那麼就會跟主力商品 SUPER DRY 互相競爭，會對 SUPER DRY 的銷售帶來很大的影響」（當時的三得利幹部是這麼解讀的）。

但日本經濟持續低迷。一九九七年十一月北海道拓殖銀行破產，而同月，日本最早的證券公司山一證券發表自行歇業。大學生面對「就業冰河期」，讓像是自由業者等以非正式雇用的方式工作的年輕人增加了。正因為如此，稅金低所以價格便宜的氣泡酒得到不少的支持。在不景氣當中，消費者追求的是便宜又好喝的酒。

說氣泡酒是「偽造品」的朝日瀨戶社長，在一九九九年一月卸下社長職位後轉任朝日會長。之後朝日便積極投入氣泡酒的研究開發，在同年的八月，製作出完成度很高的氣泡酒試作品。隔年的二〇〇〇年十月，朝日發表了不光只有啤酒而已，而是以開發各種不同酒類的「綜合酒類化」為核心，並制定中期經營計畫，計畫包括了在二〇〇一年投入氣泡酒的釀造（順帶一提，同樣是二〇〇〇年，要比朝日早一點，麒麟在九月也發表包含「綜合酒類化」在內的中期經營計畫）。

就像是要跟朝日對外發表投入氣泡酒市場相互呼應似的，大藏省（當時）也採取了行動。

共同奮鬥的大型啤酒公司

大藏省在二〇〇〇年的秋天，為了「氣泡酒跟啤酒都同樣徵收一公升二二二日圓的稅率」這個待定計畫再次採取了行動。

原本不曾販售氣泡酒的朝日決定投入氣泡酒市場後，這就表示所有大型啤酒公司都開始販售氣泡酒了，那麼就算提高稅率也不會發生特別優待某些製造商的情形。所以決定先將稅率調整成一樣，而這單純就只是想「先試著用最不會有爭議的方式來做」而已（當時的大藏省幹部）。

在啤酒、氣泡酒市場結構下，酒稅比較便宜的氣泡酒所占比例，在二〇〇〇年是二二·一%，超過了兩成，啤酒加上氣泡酒的酒稅收入，二〇〇〇年要比前一年的一九九九年度大約減少了六百億日圓。

對於大藏省採取的行動，大型啤酒公司都產生了危機感。而正因為這份危機感才會有之後具歷史性的，啤酒公司患難與共的發展。

已經開始生產氣泡酒的麒麟、札幌、三得利各社社長一起提出「反對增稅」的申訴，並且共同召開記者會。隔年也向參議院議員通常選舉提出控訴，因此當時自民黨政務調查會長龜井靜香要求大藏省主稅局長出席，事先提醒他「不要像個愛斤斤計較的地方惡官」。

結果共同記者會奏效，增稅一事就此打住。

但是大藏省卻沒放棄增稅，在大藏省解散，改由財務省接手後的二〇〇一年秋天，「氣泡酒增稅」再次啟動。

其實啤酒業界早就料到財務省計畫要提高氣泡酒稅。

二〇〇一年秋天，加上即將在二月開始販售氣泡酒「本生」的朝日，四家大型啤酒公司團結起來「反對增稅」。後來ORION也加入，共同組織「氣泡酒稅制研究會」。會長由當時麒麟的會長佐藤安弘擔任。

要讓原本是每天都在競爭的對手團結起來，難免還是會產生紛爭。因為「麒麟對朝日」經年累月的對立，互相產生不信任感的影響很大。為互相培養出信賴感，繼續在檯面下進行協調。最後解散既存組織，重新組織「研究會」並開始行動的時間是在二〇〇一年十月九日。隔月下旬，自民黨稅制調查會開始進行稅制修正作業，而研究會正好趕在時間之前組織起來。

自民黨的稅制調查會

當時的自民黨稅制調查會與現在的不同，在徵稅方面具有壓倒性權力。其主要幹部是稱為「稅賦之神」的山中貞則，自民黨稅調最高顧問。一九二一年出生的山中，畢業於台北第二師範，在擔任短時間教職之後便上了戰場。退伍後，曾從事地方報紙記者、鹿兒島縣議員，在一九五三年眾議院議員總選舉中當選議員。自從長官河野一郎送給他「在大藏省好好的學」這句話之後，山中便自學複雜的稅制，所以被稱為「稅賦之神」。尤其是在一九五八年，成為岸內閣（岸信介）的大藏省政務次官後，大幅修訂貨物稅，朝著稅賦之神又再往前更邁進一步了。通常官僚每隔幾年就會調動，但山中從頭到尾都是稅制方面的專家。也因為如此，財務省也有許多敬愛他的官僚。

讓人覺得山中權勢的厲害之處。那就是連當時的總理小淵惠三與小泉純一郎都無法把山中請到官邸，反而是親自前往山中的辦公室。

在一九六〇年代之前，政府的稅制調查會（政府稅調）的權力勝過黨稅審議委員會。而到了田中角榮內閣時期才翻轉過來。尤其是引進中小自營業者的優遇稅制「視為法人課稅制度」（有關個人事業，能夠以類似法人的方式來選擇課稅制度），這都是因為田中善加利用了黨稅審議委員會。在一九七三年，當時的大藏省主稅局不同意政府稅調，並且提出強烈的反對，但是田中卻仍然依照黨稅審議委員會整理的稅制修訂大綱推動「視為法人課稅制度」。這件事似乎成為了轉折點（順帶一提，中小自營業者是支持自民黨的主要群體）。

一九八〇年代，有一句山中說過的名言，那就是「別小看政府稅調，但要無視」。這是在說，要以自民黨稅調來支配稅。自民黨稅調原本只是黨政物調查會的其中一個單位。但是看來，裡面的組織結構應該是非常龐大的。

在二〇〇一年的這個時間點，有超過兩百位議員參加自民黨稅調。就算有這麼多議員參加，但真正掌握稅制修訂的卻只有極少部分的人。具體來說，就只有稱為「INNER（內部）」的「顧問會議」成員才能直接參與稅制的修訂。顧問會議上，除了山中之外，其他還有舊大藏省前事務次官的相澤英之黨稅調會長、前外相的武藤嘉文、前藏相的林義郎等，以及其他七位老議員。

實際的稅制修訂作業從十一月下旬開始。

到十二月中旬為止，大概有三個星期的時間，針對各省廳、部會等提出的「要求項目」以蓋上「〇（同意）」、「×（駁回）」、「△（討論後再行報告）」、「㊐（作為政治課題討論）」的章來回覆。最後完成了一份堪稱「電話簿」的厚重冊子。但是「INNER」並沒有做會議紀錄。甚至連是哪個時候，在哪裡開會都沒有公開。日本的稅制是在這樣「完全密室」下決定的。

而在二〇〇一年末，在「INNER」進行了有關「氣泡酒增稅」的討論。

「山中先生，氣泡酒的這件事要怎麼處理？」

「相澤，可以去進行喔！」

山中跟相澤進行了短暫的交談，原本爭議不斷的氣泡酒增稅就這麼被決定了。

強行獲得的勝利

另一方面，四間啤酒公司的經營負責人要求暫緩實施。

那是在二〇〇一年十二月一日的傍晚。在惠比壽花園廣場的中庭，四間啤酒公司的負責人穿著一樣的法被（日本傳統服飾），親自參與連署活動。不只電視新聞報導相關活動情形，連綜合性電視節目（Wide Show）也都在介紹。

除了麒麟會長佐藤安弘，在一九九九年一月接任瀨戶雄三成為朝日社長的福地茂雄（之後成為NHK會長），以及從一九九九年十一月開始成為札幌社長的岩間辰志，還有從二〇〇一年三月開始成為三得利社長的佐治信忠四個人之外，各公司員工也都參加了連署活動。

「氣泡酒稅制研究會」會長佐藤，在星期天前往各電視局拜訪。

參加了上午的新聞節目，在節目中提出「氣泡酒是以玉米為主要原料的新款酒。把它跟啤酒當作是同一種類也未免太奇怪了。按照規則來開發的商品，現在卻中途改變了規則，這會讓製造商失去挑戰新技術的動力」的控訴。

這個時期，網路也開始普及了。所以也活用了正處於萌芽期的「網路連署」，業界向社會大眾表明反對氣泡酒增稅的態度。結果再次讓氣泡酒增稅一案石沉大海。

就算「稅賦之神」山中蓋上了「〇」，還是讓增稅案件不了了之，這是從未發生過的。四間大型啤酒公司第一次團結所發揮的力量，原來這麼強大。

筆者有幸採訪在二〇〇五年十二月辭去眾議院議員，之後成為律師的相澤英之。

「因為輿論的壓力，所以那時候真的很難執行。」

相澤回想起當時的狀況。在二〇〇一年，是由自民、公明及保守黨組成的聯合政府當政。因此「也曾發生過三黨的稅調都已經同意了，但最後稅制修正案還是被推翻的情形」。尤其是公明黨，對氣泡酒增稅是表示反對的。

而當時獲得高支持率的小泉純一郎首相，也從一開始就反對「平民的酒」氣泡酒的增稅。再加上小泉善加運用經濟財政諮詢會議，希望讓稅制改革可以轉由官邸主導。

執政黨的調節難以進展，INNER內部也產生紛爭。當時山中貞則與武藤嘉文之間，在相處方面也出現了芥蒂。

「山中先生跟我抱怨說『武藤完全沒跟我打招呼』」相澤說。

那個時候，武藤甚至連INNER集會都不參加。

「INNER」其實也有優點，那就是「INNER」擁有強大的權限，所以才能實現像執行消費稅這樣的重大改革。而就在氣泡酒增稅付諸流水的時候，「INNER」的勢力也逐漸消退中。

二〇〇一年十二月十四日下午，「氣泡酒稅制研究會」的前線基地赤坂王子大飯店（二〇一一年結束營業，解散）的商務套房。以會長佐藤安弘為中心，大約有二十個人歡樂地舉辦慶祝會。

「這都是大家一起努力的成果」佐藤表達感謝之意，引起大家熱烈的掌聲。

冰箱有各公司的氣泡酒，大家一起乾杯，和樂融融地一起開心慶祝。不分誰是麒麟、朝日、札幌還是三得利，大家互相祝賀贏得最後的勝利。在這一天發表的二〇〇二年度稅制修訂大綱中，並沒有「氣泡酒增稅」這一項。自民黨稅調會長相澤，以與公明、保守兩黨的協議為優先，放棄了自民黨自行彙整出的大綱。

這是足以成為啤酒史濃墨重彩的一筆，因為這個比汽車、電機產業還要小的啤酒業，靠著大家通力合作，成功的向國家公權力挑戰的歷史時刻。但這次的慶祝會似乎是最後一次。

06

啤酒的未來

清爽暢快的朝日戰勝複雜特殊的麒麟

朝日在二〇〇一年二月開始販售的氣泡酒「本生」大賣。到年底前的首年銷售量有三千九百萬箱，創下了能跟「淡麗」首年匹敵的銷售數量。只不過就像「淡麗」跟「一番搾」的社內競爭，因為「本生」使得「SUPER DRY」的銷售量下降。

「本生」的暢銷給麒麟VS.朝日之戰帶來決定性的影響。這一年，在啤酒與氣泡酒的總市場，朝日終於超越麒麟贏得第一。這是事隔四十八年，啤酒業界的首位逆轉勝。從市占率來看，朝日是三八·七%（前一年是三五·五%），而麒麟是三五·八%（前一年是三八·四%）。

對於這次的逆轉勝，麒麟的某領導是這樣評論的。

「清爽暢快的朝日戰勝複雜特殊的麒麟。」

瀨戶在二〇〇二年四月二日接受作者採訪時，曾這麼說。

「這是因為麒麟在一九九六年，將產品力還很強的『拉格』從原本熱處理啤酒改成生啤酒，麒麟的這個失誤幫了朝日一個忙。和札幌停止販售黑標啤酒（一九八九年二月，但同年九月復活）是同樣的情形。」

企業競爭是一場規模很大的團體戰。不只跟戰力的強弱有關，稍不留意所犯下的失誤也會讓局勢突然改變。出身於子公司的NIKKA威士忌，從二〇二一年起擔任朝日集團控股股份有限公司社長的勝木敦志這樣說。

「在啤酒商戰激烈的一九九〇年後期，朝日積極採行中途採用。設備用錢就可以買得到，但人才卻不行。尤其是如果沒有好的業務員，那根本就無計可施了。可能也是受到泡沫經濟崩壞的影響，特別是在一九九七年以後，證券公司與銀行、保險公司陸續地破產。而這樣反而容易雇用到優秀的人才。因為這些中途採用的員工，自然而然地讓朝日醞釀出DIVERSITY（多樣性）文化。」

在日本發生衝擊的名次「首位交替」之前，麒麟社長荒蒔康一郎已經考慮到了「下一步」要怎麼走。在商戰趨勢已經相當明顯的二〇〇一年十一月，荒蒔向公司內部發表了「新麒麟宣言」。在宣言中，荒蒔呼籲員工要秉持著「今後我們要注意的不是朝日，而是客戶」、「要回到初衷」的精神，重新振作起來。除了鼓勵外，宣言還包含了對依賴回扣讓市占率競爭過度擴張，最終反而被奪走第一的反省。

這個時候，還是個二十多歲的年輕業務員，說了下面的話。

「本來對不再是頂尖企業而感到不甘心。但聽到社長的這番話之後，讓我得到了救贖。今後不再以市占率為目標，而是去重視利益。」

另外一位三十多歲的女性業務員這樣說：「退居第二位雖然感到震驚，但另一方面卻也感到寬慰。當時到了月底，四處拜託批發商購買大量的啤酒跟氣泡酒。也就是用錢（回扣）來『強行推銷』。雖然流通的庫存堆積如山，但卻能短暫提高市占率。在上班族月底領薪時，我們會去零售商店那裡，要求賣場的商品陳列多花點心思，希望能提高上班族的購買慾。但我們業務的工作就是用嘴巴去推銷商品，現在卻沒辦法這樣做。

新麒麟宣言發表後，終於可以從這些毫無意義的工作解放了。不是去在意朝日，而是要去關注消費者。」

降價導致增稅

就在日韓共同舉辦 FIFA 世界盃的二〇〇二年六月那年，日本街道人聲鼎沸，熱鬧非凡，朝日將氣泡酒「本生」三五〇毫升的希望售價降低了一〇日圓，以一三五日圓販售。對朝日來說，前一年開始販售的氣泡酒「本生」是在「SUPER DRY」自後的暢銷商品。其銷售量緊接在二〇〇一年麒麟「淡麗」的六千六百九十萬箱之後，銷售出三千九百萬箱，位居氣泡酒品牌的第二位。

二〇〇二年二月，麒麟的氣泡酒新產品「極生」的定價要比過去的便宜一〇日圓，以一罐一三五日圓販售。能夠以便宜的售價販售是因為「沒有任何銷售獎勵金（回扣），也不買電視廣告，啤酒罐及紙箱也力求簡單樸素」（當時的麒麟幹部）。

但朝日其實早就知道「麒麟一定會讓『淡麗』降一〇日圓」。所以在朝日公司內部，行銷部門表示「這樣會讓好不容易才大賣的『本生』其品牌價值下降」極力反對降價。但是擁有主要勢力的業務部門則主張「我們不可能讓麒麟再次扭轉局面」。

不論是在驛傳[17]還是馬拉松，當快要趕上前面一個跑者時，通常都會一鼓作氣超越。這是因為能夠打擊對手的鬥志。但如果無法拉開距離，然後被追趕上，並列一起跑的話，那麼追上的跑者反而會失去鬥志。真的就如朝日所預測的，在降低價格之後，其他三間公司也都跟著把氣泡酒的主力商品調降了一〇日圓。

17　驛傳：源自日本，由多人組隊參加的長距離接力賽跑活動。

年初在超市及折扣店的氣泡酒標價是一一〇日圓左右，到了六月，實際降到一〇〇日圓的商店也都出現了。果然是炎夏中的肉搏戰，而且也是一場消耗戰。能夠支撐降價銷售的是來自製造商的回扣，而因為降價使得各啤酒公司原本應該獲得的利益都飛走了。

然後，接二連三的降價給了增稅一個藉口。啤酒業界在二〇〇一年年底的「反對氣泡酒增稅」活動中團結一致，四間公司的經營者站在街頭發起連署活動。在稱為「稅賦之神」的自民黨稅制調查會最高顧問山中貞則仍然健在的時代，持續兩年阻止氣泡酒增稅的這件事本身，幾乎是前所未聞的。儘管在二〇〇二年年末四間公司曾經一起抗爭過，但二〇〇三年五月，三五〇毫升罐裝氣泡酒仍被提高了一〇日圓的稅金。

新流派（第三類啤酒）戰爭及酒稅

二〇〇一年被朝日超越而成為第二的麒麟，在二〇〇五年爆發的「新流派（第三類啤酒）戰爭」中獲得壓倒性的勝利。

二〇〇三年九月，札幌在北部九州四縣販售第三類啤酒「Draft One」，二〇〇四年開始全國販售。在這個時候，麒麟決定要在二〇〇五年春天開始販售第三類啤酒。有此決定是因為做出了「Draft One 的完成度很高。只要價格夠便宜的話，相信能獲得消費者喜愛」的判斷。

而朝日則是認為「先觀察一下二〇〇四年年末的（二〇〇五年度）稅制修訂走向再說吧」，於是把決定往後延。朝日應該是認為，要是政府的稅制修訂會對第三類啤酒進行增稅的話，那麼投入市場就不會有什麼好處了。

然後，雖然在二〇〇四年年末的二〇〇五年度稅制修訂案中成為了討論的話題，但在這一年第三類啤酒並沒有增稅。為什麼呢？

理由是，札幌作為最早推出商品的廠商，其實早就在私底下開始了遊說活動。向推動第三類啤酒增稅的政府稅調寄出書面提問，並且去拜會財務省以及相關國會議員進行說服。從二〇〇〇年起持續了三年的，業界發起的「反對氣泡酒增稅」運動讓札幌對霞之關以及永田町這兩個地方十分了解。但是朝日跟麒麟卻對札幌採取的遊說活動一無所知。

「（遊說活動）雖然從未做過，但卻又是不得不做的事。財務省對增稅是認真的。

相關的議員先生也說了『要是增稅的話，很明顯就是刻意針對，這真的很不公平』（當時的札幌領袖）。

另一方面，當時的財務省幹部說出了背後原因，「氣泡酒增稅是跟業界敵對，但是第三類啤酒的時候，卻有機會可以溝通，財務省願意聆聽廠商的意見」。

跟其他酒類相比，啤酒類的消費數量很多，稅率也高。因此負擔稅率也比較大，而這讓財務省沒辦法不去關心一下。

順帶一提，札幌並不是為了要「節稅」才將「Draft One」商品化的。原本就只是打算要釀造出一款減輕「苦味」的啤酒系飲料而已。

負責構思的是札幌當時的技術者柏田修作。「Draft One」並非正式的研究開發，而是柏田個人開始的「闇黑研究」。柏田在燒津的研究所裡，任意使喚不是部下的年輕研究者，然後連研究所人員也牽扯在內，不到四年就讓「Draft One」具體化。

二十幾歲的年輕女性偏好罐裝 Chu-hi 跟雞尾酒等味道偏甜容易入口的酒類。柏田認為，他或她們不喜歡啤酒、氣泡酒的理由應該是在「苦味」。苦味是來自於啤酒花跟麥芽，啤酒花是能夠減少放入的量，但麥芽就很難辦到。「如果是這樣的話，那麼只要能夠釀造出完全不使用麥芽的 Beer Taste 飲料（無酒精啤酒），說不定就會受到年輕人的喜愛」，這就是柏田致力於開發的動機。

這時朝日公司內部也察覺到「氣泡酒第一的麒麟沒有新的商品出現（指在第三類啤酒部分）」。這是因為，推出第三類啤酒會對銷售價格比啤酒便宜的氣泡酒帶來影響。但針對這一點，麒麟早就做出決定並開始進行調整，二〇〇五年四月六日開始販售「のどごし」。而「のどごし」非常暢銷，勝過「Draft One」，很快就變成第三類啤酒的第一名。

另一方面，朝日也在二〇〇五年四月二十日投入新商品「新生」的開發。但最後因為起步較晚，再加上準備不夠充分，這次新商品的推出計畫終告失敗。失敗的主要原因是，只有在開始販售時大賣，但很快就因為來不及生產而缺貨。

因此這讓原本市占率最多只有五％差距的兩間公司一口氣拉近了。二〇〇六上半年（一～六月），麒麟超過朝日再次扭轉局面。但即使如此，就十二月為止的整個營業年度來看，朝日仍死守住第一位。另外，第三類啤酒分成了不使用麥芽的「豆系」，以及使用麥芽但添加了蒸餾酒的「麥系」兩種。而這兩種的稅率是相同的。但是從二〇二三年十月起，就沒有第三類啤酒這個分類了。

稅制上，新流派（第三類啤酒）消滅

在二〇〇五年年底的二〇〇六年稅制修訂中，第三類啤酒的增稅成為焦點。業界雖然提出「啤酒減稅」來進行協調，但有關第三類啤酒則是在個別遊說活動中進行協調。由於四間公司的投資組合並不相同，損益差異也就相當明顯，各自為政的結果，就是酒稅修訂的確定。

三五〇毫升的第三類啤酒增加了三・八日圓，酒稅變成二八日圓。而啤酒則是減少了〇・七日圓，酒稅變成七七日圓。氣泡酒則還是維持四六・九九日圓，沒有變動。聽說是「是先決定啤酒減稅之後，才決定第三類啤酒的增稅幅度」（當時的啤酒廠商幹部），於是在二〇〇六年五月執行增稅。

二〇〇六年度酒稅修訂案的特徵之一，就將原本啤酒、日本酒、燒酒等多達十種以上的分類重新歸類成四大類。這四大類分別是：

啤酒、罐裝 Chu-hai 等 RTD（Ready-to-drink）的①「氣泡性酒類」。

日本酒及葡萄酒的②「釀造酒類」。
燒酒及威士忌等的③「蒸餾酒類」。
利口酒、味醂、合成酒類的④「混合酒類」。
財務省提出了，將來一定會針對四大分類的稅率差距進行修正。
自從同年五月開始實施增減稅之後，啤酒類的稅額一直到二〇二〇年九月都未曾再做過調整。最起碼在一九八〇年以後，這麼長的一段時間都沒有調整啤酒類酒稅的這一點是很稀奇的。但是在二〇一六年年底，根據二〇一七年度稅制修訂，決定了在二〇二六年十月之前，屬於啤酒、氣泡酒、第三類啤酒的啤酒類稅額將階段性的進行統一。

二〇二〇年九月之前，每三五〇毫升的稅額是，啤酒（稅額七七日圓）及第三類啤酒（稅額二八日圓）相差接近三倍。而在二〇二〇年十月，啤酒減少七日圓的稅，而第三類啤酒則增加了九．八日圓的稅

二〇二三年十月，啤酒減稅六．六五日圓，變成了六三．三五日圓，第三類啤酒增稅九．一九日圓，跟氣泡酒一樣都是四六．九九日圓。在此階段，「第三類啤酒」

的分類取消，只剩下啤酒與氣泡酒。

「所謂的第三類啤酒，在定義上已經變成了氣泡酒。」（財務省）

預計在二〇二六年十月，啤酒會減稅九．一〇日圓，氣泡酒增稅七．二六日圓，以循序漸進的方式將啤酒與氣泡酒的稅額統一為五四．二五日圓。自一九九四年三得利將氣泡酒商品化之後，氣泡性酒類的稅額統一是財務省主稅局所殷切期盼的。

另一方面，罐裝 Chu-hai 等的 RTD，在二〇〇六年稅制修訂之後就一直維持在二八日圓，而預計在二〇二六年十月會增稅七日圓，變成三五日圓。但在這個時間點，還是比啤酒、氣泡酒要低一九．二五日圓。

在二〇一七年度稅制修訂中，也重新替啤酒下了新的定義。過去是以啤酒所含的麥芽比例「六七％以上」來定義的（剩下的只能是米或玉米等副原料），自二〇一八年四月起則鬆綁至「五〇％以上」，另外也同意可使用果實或香草作為副原料。

市場萎縮

啤酒類市場逐漸縮小。排除掉二〇〇二年之後，札幌開始全國販售第三類啤酒，以及三得利投入第三類啤酒市場的二〇〇四年，直到二〇二一年為止，啤酒類的銷售量逐年減少。因新冠疫情的關係，陷入低迷的外食、餐飲市場在二〇二二年稍微回溫，而這一年的啤酒類市場預計應該會比前一年增加二．五％，也就是會有三億三千九百一十四萬箱。啤酒類市場的銷售狀況比前一年要好的，其實已經是十八年前的事了。

如前面所說，一九九〇年啤酒的市場規模，基本出貨量是五億一千二百九十三萬兩千箱，這是啤酒市場第一次破了五億箱大關。然後啤酒類市場的巔峰是在一九九四年，除了ORION外，其餘四間大型啤酒公司的市場規模，基本出貨量為五億六千八百零六萬箱。

從一九九五年開始，到四間公司採取氣泡酒降價策略的前一年，也就是二〇〇一年的這七年當中，啤酒類的減少數量（基本出貨量）是一千零十一萬箱。以年平均來計算的話，每年大約減少了一百四十四萬箱，而從氣泡酒降價的二〇〇二年開始，減少幅度更為增加，就像是從斜坡滾下般地減少。從二〇〇二年起至二〇一二年為止，這十七年的減少幅度是一億六千七百九十五萬箱。以年平均來計算，每年約減少九百八十八萬箱，減少幅度約高達六．七倍。而二〇〇二年六月是氣泡酒第一個出貨量要比前一年同月份要少的月份。

商店售價下降，消費者或許會認為這是「價值低的商品」。所謂「越便宜賣得越好」的這個經驗法則已經不適用了，廠商的價格策略已經無法讓銷售量增加了。

其實在二〇〇二年的這個時間點，不光是在追求數量，或許也在尋求價格策略。但是對設備工業的代表啤酒產業來說，當時最重要的應該是提高工廠運作率。

麒麟在二〇〇一年開始販售的罐裝 Chu-hai「冰結」大賣。在二〇〇二年成為罐裝 Chu-hai 等 RTD 的第一品牌。冰

啤酒類的酒稅變化

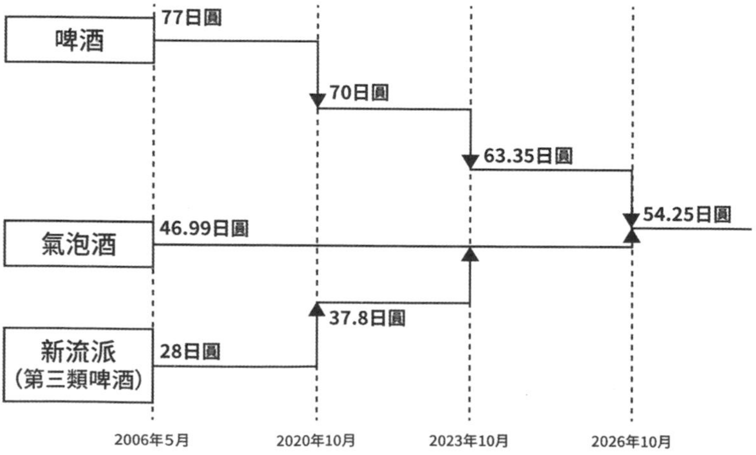

稅額皆以 350 毫升計算

結的特色是，不使用一般會用的甲類燒酒作為基底酒，而是使用伏特加。自「冰結」推出後，競爭公司販售的 RTD 也大多改為使用伏特加作為基底酒。

二〇〇二年 RTD 的銷售量有三十五萬千升，二〇〇五年則有六十二萬千升，然後在二〇二二年規模擴大到約一百六十三萬千升。

多樣化時代的啤酒文化

現在跟八〇年代後期至二〇〇〇年代前期那一段掀起啤酒熱潮的時代不同了。已經不是追求啤酒的銷售量，而是在追求價值。工廠也不再大量生產某項產品，而是變成彈性地去生產多樣卻少量的產品。

可以確定的是，新啤酒文化正逐漸形成。

如果把啤酒市場的一九九四年當作是一〇〇％，那麼到了二〇二二年，規模就縮小到只剩下五九％。二〇二二年的啤酒類市場（四間啤酒公司總銷售量）約消瘦了四百二十九萬千升（三億三千九百一十四萬箱），而加上 RTD 就有五百九十二萬千升，在開始販售「SUPER DRY」的隔年（一九八八年），RTD 的銷售量甚至是高出了啤酒市場的五百七十萬千升。換句話說，如果將RTD與啤酒類一起計算的話，那麼「氣泡性低酒精市場」並沒有太低迷。

在新冠疫情爆發前的二〇一九年，四間公司的合計銷售數量是三億八千四百五十八萬箱。也就是說，扣除掉一九九四年的ORION，四間公司的出貨量與二〇一九年的銷售量的差距，大概是減少了一億八千三百二十七萬箱。受到新冠疫情的嚴重影響，原本委靡不振的啤酒業務用市場直到二〇二二年才逐漸復甦，而就在事隔十八年之後，銷售量終於超越了前一年。

名留日本戰後經濟史的朝日暢銷商品「SUPER DRY」的銷售數量，在二〇〇〇年是一億九千一百七十萬箱，將近二億箱，但是在二〇一七年則減少了一億箱。因為新冠疫情這個特殊理由，自開始販售的第三十五年，也就是在二〇二二年首次進行革新，這一年的銷售量有六千八百八十八萬箱。相較於前一年增加了一三．二%，成長了兩位數。

果然很難預測今後的啤酒市場會有什麼樣的發展，因此在二〇二三年一月，四間啤酒公司的社長就像相互約定似的，發表了同樣的聲明。

「要在啤酒上投入精力。」

在包含氣泡酒、第三類啤酒、RTD的啤酒類中，今後的商戰應該還是會以啤酒為中心。啤酒在二〇二三年十月、二〇二六年十月的減稅，應該有助於促進啤酒的發展。

話雖如此，在原材料與包裝下工夫的便宜氣泡酒也接二連三的上市。這是因為對經濟實惠商品的需求是非常大的。在此領域，PB（自有品牌）應該會成為重心吧！

另外還發生了一件大事，就是二〇〇九年七月浮上檯面的「麒麟、三得利的經營整合」計畫。「經營整合強化了在國內的優勢，並且有助於拓展至海外」（當時的佐治信忠三得利控股公司社長，現今會長）是麒麟與三得利共同的計畫。因為國內的少子高齡化，以及人口減少的情形會繼續持續下去，所以必須朝海外尋求出路。

原本在一百零三年前的一九〇六年，日本麥酒、札幌麥酒及大阪麥酒三間公司合併，成立了大日本麥酒的時候，社長馬越恭平同樣也曾說過「避免國內同業之間的競爭，應該要拓展海外銷路」。雖然時代背景不同，但努力的方向是相同的，可見歷史是會不斷循環的。

二〇〇九年三月重新推出「一番搾」的麒麟，事隔九年，終於能贏過朝日再次奪回第一。但關鍵的經營整合卻因為在整合比例方面無法妥協，二〇一〇年二月破局。二〇一〇年朝日再次扭轉局勢，超越麒麟，並且到二〇一九年為止都穩居寶座。新冠疫情開始的二〇二〇年，在家庭用具有優勢的麒麟，事隔十一年終於奪回首位。但在新冠疫情開始緩和的二〇二一年，以些微的差距，朝日再次奪回首位。

印度式淡色愛爾

「SORACHI ACE（空知王牌）太棒了，我好喜歡。」

「真的嗎……。謝謝！」

「使用了適合精釀啤酒且具特色的啤酒花，而這款啤酒花是經過 Garrett Oliver 認可後採用的。本來就沒有啤酒公司會連大麥、啤酒花等原材料都自行開發，我想世界上就只有札幌吧，真是太厲害了！」

「嗯……」

二〇一三年秋天，在新學期剛開始的慕尼黑工科大學的校園內，有好幾位同學跟來自札幌啤酒的工程師，才剛去德國留學的新井健司聊到「SORACHI ACE」。但從美國來的留學生用英文，德國學生及研究人員則是用德語。在一開始，新井都以為「大家一定會把札幌跟SORACHI搞混了，因為札幌和空知都是北海道的地名」。但其實並不是這樣的。那些同學其實知道傳說的精釀啤酒釀造家BROOKLYN BREWERY（美國紐約市）的Garrett Oliver（嘉瑞特・奧利佛）這個專有名詞。

新井在寫信給日本所屬的研究部門詢問後，才終於弄清楚「SORACHI ACE」是札幌開發的啤酒花。即使是在札幌公司內部也沒有人知道這個啤酒花的名稱，但是對從世界各地聚集到慕尼黑的大部分研究人員與學生來說，這個啤酒花名稱並不陌生。而且還坦率地給予正面評價。

「真的會有這樣的事嗎……」。令人感到驚訝不已。

川崎市出身的新井，從東京大學農學部畢業後便繼續在東京大學研究所研究酵素學，在二〇〇七年進入札幌啤酒。在研究所與工廠累積了釀造專業領域的經驗之後，在進入公司的第十三年的秋天，前往慕尼黑工科大學留學。為期一年，是由公司派遣去學習。

稍微複習一下前面提過的，大部分的Craft Beer（精釀啤酒）都是頂層發酵的

「Ale（愛爾）」（當然也有「Lager（拉格）」的精釀啤酒）。愛爾啤酒是以二〇℃前後的常溫來發酵，酵母在最後會浮到上層。香氣要比拉格更為華麗，發酵期間比拉格短。在十九世紀後期，林德開發冷卻技術之前，大部分的啤酒都是愛爾。

Pale Ale（淡色愛爾）是頂層發酵的代表，帶著果香是它的特色。英國在十八世紀，為了將起源於當地的淡色愛爾運送到遙遠的殖民地印度，開發了IPA（印度淡色愛爾）。為了達到防腐的效果使用了大量的啤酒花，因此濃烈的苦味是其特色。

除此之外，使用小麥麥芽的Weizen（小麥）、烘烤過麥芽的Stout（司陶特啤酒），或是放入櫻桃等水果醃漬的水果啤酒等，精釀啤酒的種類可說是琳瑯滿目。同樣是IPA，也會因為不同的釀造工廠而產生不同的風味。不過通常比較常看到的，是由釀造職人（Craftsman）使用小型設備製造少量但多品項的產品。這就是跟使用最新設備，以少品項但大量生產的Pilsner（皮爾森）類型的大型啤酒公司不同之處。

先姑且不論這些，製作出現在IPA原型的是BROOKLYN BREWERY（布魯克林酒廠）的釀造負責人Garrett Oliver。這一位非常具有魅力的釀造家究竟是怎麼跟札幌的SORACHI ACE相遇的呢？

SORACHI ACE 啤酒遲來的評價

札幌啤酒所開發的啤酒花 SORACHI ACE 是在一九八四年誕生的。從開拓使麥酒釀造所的創業時期開始，札幌就對啤酒花的育種進行研究，其中一種就是 SORACHI ACE。

負責育種的是札幌前技術人員，荒井康則。

現在有著「SORACHI 1984 釀造設計師」頭銜的新井健司，就 SORACHI ACE 做出以下的說明：

「苦澀且散發香氣為其特徵。具體來說，是會讓人想起日本檜木與松樹，檸檬香茅、蒔蘿（使用在魚類菜餚的香草）等層層交疊的香味，餘韻則是如椰子般的香甜。不黏膩，最後更是帶來清爽。誕生於日本的風味啤酒花，在全世界的精釀啤酒界獲得評價。」

位於北海道空知郡上富良野町的札幌啤酒研究所，是在一九七四年開始進行品種開發的。將近十年的奮鬥所推出的 SORACHI ACE，卻沒有機會登上日本的舞台。

在沒有出場的機會下，SORACHI ACE 在一九九四年遠渡美國。就像在日本職棒沒有出場機會的選手去挑戰美國職棒。

成就遠渡美國的關鍵人物是札幌的研究人員系賀裕。在八〇年代，捷克的 SAAZ（薩茲）啤酒花被病毒侵害時，札幌啤酒以獨特的技術來挽救，而主導此救援行動的就是系賀。深信有特色的香草啤酒花 SORACHI ACE 所具備的可能性，系賀以個人人脈與奧勒岡州立大學取得聯繫。

不過 SORACHI ACE 並不是馬上就得到認同的，在前往美國之後的第八年，華盛頓州的啤酒農戶主管戴倫・加美士發現了被埋沒的 SORACHI ACE，然後差不多又再過了五年，大約是從二〇〇七年開始，加美士向全美的精釀啤酒廠商推薦 SORACHI ACE。於是陸陸續續有一些具勢力的精釀啤酒廠商開始採用這一款帶著優質苦味及濃烈香氣的高苦味香草啤酒花。

其中一間精釀啤酒廠商就是位於紐約的布魯克林酒廠，在裡面擔任 Brewmaster（釀酒專家）的嘉瑞特・奧利佛將這一款來自於日本，產於美國的獨特啤酒花，以「BROOKLYN SORACHI ACE」這項產品拓展至全世界。

連札幌公司員工都不知道的 SORACHI ACE，卻有許多歐美精釀啤酒相關人士知道它的存在。實際上，SORACHI ACE 成為了支撐著以美國為中心的世界精釀啤酒的啤酒花。

精釀啤酒的可能性

二〇一六年麒麟與布魯克林釀酒廠在資本方面進行合作。而在二〇一八年十月，麒麟與布魯克林釀酒廠的合資公司在北海道開始「BROOKLYN SORACHI ACE」的預售，然後在隔年二月便擴展至全日本。

札幌自二〇一九年四月開始預售「Innovative Brewer SORACHI 1984」。然後茨城縣的有名精釀酒廠「木內酒造合資會社」（那珂市）比這兩間公司更早，在二〇一〇年六月就已經販售「常陸野 NEST BEER NIPPONIA」。這些商品都使用了美國產的 SORACHI ACE 啤酒花。順帶一提，如果是在美國的話，札幌「Innovative Brewer SORACHI 1984」的生產量是會被歸類在精釀啤酒分類的。

舊金山的 Anchor Brewing 公司，可說是美國精釀啤酒的拓荒者，它是在十九世紀由德國釀造家創業的。但是在一九六五年，因面臨經營危機而被 Fritz Lewis

Maytag 三世收購。因此身為洗衣機公司創業者之孫的 Maytag（美泰克），是美國精釀啤酒的拓荒者。

Budweiser（百威）與 Coors（酷爾斯）等是能夠代表美國的啤酒品牌，這些啤酒使用副原料來呈現輕盈的風味。但相較於此，Maytag 的 Anchor 公司所生產的卻是以一〇〇％麥芽釀造的啤酒。札幌在二〇一七年把有著散發烘焙麥芽香甜的「Anchor Steam（蒸氣啤酒）」旗艦商品的 Anchor 公司收購了。

美國的精釀啤酒工廠在一九七〇年代中期大約有五十間，而在八〇年代至九〇年代迅速擴張，而加速擴張的理由在於兩個法律的修訂。

其中一個是在一九七六年，對小規模生產的減稅。另外一個則是一九七九年的 Homebrewing（家釀啤酒）開放。原本因禁酒法關係而違法的家釀啤酒得以合法化。美聯社前記者，中東特派員的 Steve Hindi（史帝夫・辛迪）也曾是一位家釀啤酒釀造者。而布魯克林酒廠就是他在一九八八年創立的。

如果說 Maytag（美泰克）是第一世代的釀造者，那麼 Steve（史帝夫）就是第二世代了。

注意到精釀啤酒擴展趨勢的，就是札幌的系賀。因為他把具期待價值的啤酒花帶進美國。

只不過從一九九六年開始，美國精釀啤酒的拓展速度失控了。原因包括了快速成長所帶來的反彈（就是泡沫精釀的崩壞），以及大型啤酒公司在流通方面施加壓力等。

率領因百威啤酒而廣為人知的Anheuser-Busch（現在的安海斯—布希英博集團）的August Busch三世，一改原本觀望的態度，就像要封印住精釀啤酒似的採取各種行動。

一九九〇年代後期，精釀啤酒陷入了混亂及可能會被淘汰的恐懼中，但是到了二〇〇〇年代後期，精釀啤酒再次回歸成長軌道。

而能夠回歸的理由，就是過去都只經銷大型啤酒公司商品的批發商也開始經銷精釀啤酒。二〇〇八年Anheuser-Busch被比利時的InBev（英博）以五百二十億美金的價格收購，變成了Anheuser-Busch InBev（安海斯—布希英博集團）。「具有相較於具經營者魅力的布希三世，布希四世並沒有經營的頭腦。而因為沒有繼承家業的能力所以才有了價值五兆日圓的併購。在布希家族離開後，AB InBev變成了投資公司，對於製造業已經興趣缺缺了」（日本的啤酒公司負責人）。

全國性品牌商品的停滯，是精釀啤酒銷售量在二〇〇〇年後期開始攀升的主要原因之一。

大品牌感到憂心的，是來自於消費者的「厭膩感」。因為生活型態的改變讓追求獨特性的消費者增加，而這些消費者就會選擇精釀啤酒。這或許也跟美國社會的多樣性有關吧！

二〇一六年，世界第一的 AB InBev 以七百九十億英鎊收購了第二位的 SABMiller（南非米勒），超大型啤酒公司就此誕生了。

幾經輾轉後，SORACHI ACE 受到全美釀造家認可的理由，應該是與精釀啤酒的再次成長，以及消費者尋求多樣化商品有關。

但是精釀啤酒目前仍處於不穩定。因為銷售狀況起起落落，以及釀造廠的合併等原因，甚至會出現超出一般認知的例子。

新冠疫情之前的二〇一八年，全美的精釀啤酒公司超過了七千間，數量占了美國啤酒市場的一三％左右。以金額來計算的話，大約占二四％左右（二〇一七年）。

而在二〇二二年，根據數量計算精釀啤酒在整體市場的市占率，要比前一年增加了〇・一個百分點，有一三・二％。生產量要比前一年減少了五十萬桶，大約有二千四百三十萬桶。從數字來看，不管是市占率還是生產量都令人擔心。即便如此，美國的精釀啤酒對試圖從重視數量轉換到注重質量的日本啤酒廠商來說，是一個值得參考的指標。

朝日在二〇一〇年代，在世界各地重複進行M&A（併購），包括了將歐洲及澳洲的啤酒公司納入旗下。併購的結果，在二〇二二年底海外銷售比例約占公司整體銷售比例的五二％。具體來說，二〇一六年在西歐以約二千九百億日圓，二〇一七年在中東歐以約八千七百億日圓收購了好幾家的啤酒公司。然後二〇二〇年，以約一兆一千四百億日圓收購了澳洲最大的啤酒公司「Carlton & United Breweries（CUB）」。這些全都是向世界最大的AB InBev購買的。

其實CUB是樋口在一九九〇年代投資失敗的Foster's（福斯特）的一部分。在朝日接手之後，福斯特將葡萄酒事業與啤酒事業分開，而負責啤酒事業的公司就是CUB。最後CUB被SABMiller收購，而AB InBev又收購了SABMiller。然後朝日又向AB InBev收購CUB。可見朝日仍不忘「希望SUPER DRY能夠成為世界品牌」的雄心壯志。

麒麟也投入了精釀啤酒。為發展精釀啤酒而設立了SPRING VALLEY BREWERY（總公司在東京都澀谷區），將位於澀谷區代官山與京都的小型釀造設施合併，開始經營餐飲業。另外也在美國、澳洲收購精釀啤酒公司。然後以發酵、生物技術為基礎，以獨自發現的Plasma乳酸菌開發新事業。人類的免疫細胞就跟公司制度一樣具有上下關係，而負責發出指令的「部長」就是「漿狀樹突細胞（pDC）」。Plasma乳酸菌具有活化pDC的特性。而這不光是使用於麒麟集團的清涼飲料與優酪乳，也提供給國內外食品及醫療廠商廣泛使用。三得利在二〇二三年春天，開始販售「三得利生啤酒」。而這似乎是看準同年十月以及二〇二六年十月的酒稅修訂會讓酒稅變便宜的這一點，希望能以啤酒一決勝負。

日本的四家啤酒公司，應該會繼續運用過去在啤酒、氣泡酒與第三類啤酒所研發的釀造技術，生產高價值的啤酒，創造新的事業吧！既有主要商品也會不斷地改良，另外也期望能像精釀啤酒那樣，開發出少量但多品種的產品。追求即使售價偏高但仍能獲得消費者喜愛的商品。

資料　啤酒、氣泡酒以及第三類啤酒的上市年表

1985~2002 年。商品名（　）是限定商品，業務用桶裝除外。

ASAHI	KIRIN	SAPPORO	SUNTORY
1985 年			
• RASTA MILD	• NEWS BEER • KIRIN BEER LIGHT	• Next One • (CLASSIC) • WEIZEN	
1986 年			
	• EXPORT • HEARTLAND	• (QUALITY) • (HOURS)	• MALT'S • CARLSBERG
1987 年			
• 100%MALT • (SUPER DRY) • COORS		• BLACK • EDELPILS	
1988 年			
• COORS LIGHT • BASS PALE ALE	• DRY • FINE MALT • Half & Half	• 生啤酒★ DRY • MALT100 • ON THE ROCKS • 冬物語	• DRY • DRY5.5
1989 年			
• DER LABENBRAU • SUPER EAST • STEINECKER LAGER	• MALT DRY • FINE DRAFT • FINE PILSNER • COOL	• DRAFT • EXTRA DRY • HARDY • (白夜物語) • COOL DRY • SAPPORO BEER 園	• 冴
1990 年			
	• MILD LAGER • 一番搾	• 北海道	• 純生 • ZIAS • BEER NOUVEAU 1990

ASAHI	KIRIN	SAPPORO	SUNTORY
1991 年			
• Z • 微苦 • SUPER PREMIUM • 特選素材	• PREMIUM • (濱麒麟) • 秋味 • KIRIN DRAFT BEER 工廠	• 吟釀造	• BEER 吟釀 • BEER NOUVEAU 1991 夏 • (千都物語) • BEER NOUVEAU 秋冬釀造
1992 年			
• WILD BEAT • Foster's Lager • (福島麥酒) • ORIGINAL ALE • 正月麥酒	• GOLDEN BITTER • (來自埼玉的信) • (名古屋工廠) • (COPLAND) • (關西風味) • (陸奧 HOP 紀行)	• SINGLE MALT • HIGH LAGER • 焙煎生	• LIGHTS • 吟生 • 夏之生
1993 年			
• PURE GOLD • (名古屋麥酒) • (江戶前)	• 日本 BLEND • (北海道限定生啤酒) • (北陸製) • (BRAUMEISTER) • 冬釀	• (札幌麥酒釀造所) • Calorie half • 初摘 HOP	• DYNAMIC • CARLSBERG DRAFT
1994 年			
• (博多藏出生) • (生一丁) • (收穫祭)	• SHOUT • (京都 1497) • ICE BEER • (北之麒麟)	• 品嚐工房 1994 • 藏出生啤酒 • (北陸限定出貨) • (名古屋釀造) • (九州製造) • (夏天製 ICE 釀造) • (手摘 HOP)	• 冰點貯藏〈生〉 • HOP'S〈生〉(氣泡酒)

ASAHI	KIRIN	SAPPORO	SUNTORY
1995 年			
• (陸奧淡生) • (道產之生) • DOUBLE 酵母啤酒 • MIRROR SPECIAL • 黑生	• 春開生 • (BEER 生) • (九州麥酒順口〈生〉) • (DERAUMA) • (太陽與風之啤酒) • (喝遍四國〈生〉) • (JONNOBI) • (廣島猜拳〈生〉) • LAGER WINTER CLUB	• (東北限定釀造「麥酒物語」) • 品嚐工房 1995 • 生粹 • THE DRAFTY (氣泡酒)	• BLUE • (橫濱中華街) • SURF SIDE • 秋之香啤酒 • 鍋季生啤酒
1996 年			
• (赤之生) • (四國麥酒清爽生) • 食彩麥酒 • FIRST LADY	• (自由時間的啤酒) • (滑順〈生〉) • BEER 工廠 • 黑 BEER • Half & Half	• 春來了 • 夏之海岸物語 • DRAFTY BLACK〈黑生〉(氣泡酒)	• 春一番生啤酒 • 大地與太陽的恩惠 • 珍藏果實酒 • 夕涼 • Half & Half • SUPER HOP'S (氣泡酒)
1997 年			
• REDS	• BEER 職人 • LA 2.5	• SUPER STAR	• 春一番 • BITTERS • 美味辛口
1998 年			
• DUNK • (四國工廠藏出生)	• (神戶啤酒) • EUROPE • 一番搾黑生啤酒 • 淡麗〈生〉(氣泡酒)(神戶啤酒) • EUROPE	• (浩養園生啤酒) • 氣分爽快〈生〉 • (GULP) • 完整五穀生 • 〈芳醇生〉Brau (氣泡酒) • STAR BURY (氣泡酒)	麥之贅澤 小麥製 WHITE BEER 深煎麥酒 贅澤熟成

ASAHI	KIRIN	SAPPORO	SUNTORY
1999 年			
• BEER WATER • FIRST LADY Silky • 富士山 • WILL SWEET BROWN	• LAGER SPECIAL LIGHT • EUROPE(第二彈) • X'mas Wien Beer	• 2000 年紀念限定釀造〈生〉 • 五穀恩惠 (氣泡酒)	• 鍋季的生啤酒 • MILLENNIUM 生啤酒 • 麥香 (氣泡酒) • MAGNUM DRY (氣泡酒)
2000 年			
• SUPER MALT • WILL SWEET BROWN BEER	• ALL MALTED BEER(素材嚴選) • 21 世紀啤酒 • CLEAR BREW(氣泡酒)	• GRAND BEER • 世紀釀造〈生〉 • 冷製辛口〈生〉(氣泡酒)	• MALT'S PREMIUM 2001 • 秋生 (氣泡酒) • 冬道樂 (氣泡酒)
2001 年			
• 本生 (氣泡酒) • WILL BE FREE(氣泡酒)	• KB • CLASSIC LAGER • 常夏〈生〉 • 白麒麟 (氣泡酒)	• 2001 初詰〈生〉SEVEN(氣泡酒) • 北海道生搾 (氣泡酒) • 夏之清爽生 SEVEN (氣泡酒) • 現磨焙煎〈生〉(氣泡酒) • 限定釀造 ‧2001-2002 乾杯生 (氣泡酒)	• MALT'S PREMIUM • 夏之稻妻 (氣泡酒) • 出浴〈生〉(氣泡酒) • 品味秋生 (氣泡酒) • DIET〈生〉(氣泡酒)
2002 年			
• 青島啤酒 • SUPER SOUR(RTD) • COCKTAIL PARTNER(RTD) • HI LIKI(RTD) • 旬果搾 (RTD)	• (KIRIN 樽生方式一番搾) • 溫順酵母 • KIRIN 毬花一番搾 • 極生 (氣泡酒) • 淡麗 GREEN LABEL(氣泡酒) • KIRIN ALASKA〈生〉(氣泡酒)	• FINE LAGER(氣泡酒) • 爽口新辛口 ‧ 生 (氣泡酒) • 樽生仕立 (氣泡酒) • 海與大地的清澈生 (氣泡酒) • 本選 (氣泡酒)	• BEER NOUVEAU〈PREMIUM〉2002 • MAGNUM DRY 爽快釀造 (氣泡酒) • 炭濾過純生 (氣泡酒) • SUPER MD (氣泡酒) • 品味秋生 2002 (氣泡酒) • FINE BREW (無酒精)

ASAHI	KIRIN	SAPPORO	SUNTORY
2003 年			
• 穰三昧 • SPARKS(氣泡酒) • 本生 AQUA BLUE (氣泡酒)	• KIRIN 毬花一番搾 • 溫順酵母花香 • 淡麗 ALPHA (氣泡酒) • 生黑 (氣泡酒) • 8 月的 KIRIN (氣泡酒) • KIRIN Honey Brown (氣泡酒) MALT • SQUASH(無酒精)	• 冷釀 (氣泡酒) 北海道限定 • YEBISU〈黑〉 • PILSENER PREMIUM • 鮮烈氣泡 (氣泡酒) • 北海道生搾 Half&Half (氣泡酒) • 值得喝 (氣泡酒) • 北海道生搾 BEER(氣泡酒) • Draft one(九州 4 縣) (第三類啤酒)	• 琥珀放鬆 • THE PREMIUM MALT'S • 現摘小麥白啤酒 • 茜色芳釀 • MALT'S 黑生 • BEER NOUVEAU 2003 • HALF & HALF • 大海運 • 樂膳〈生〉(氣泡酒) • 美味樂膳 (氣泡酒) • 春生 (氣泡酒) • 夏生 (氣泡酒)
2004 年			
• 本生 OFF TIME(氣泡酒) • 講究之極 • PREMIUM 生啤酒熟撰	• RATESUTAUTO • 豐潤 • 新鮮 HOP 一番搾 • WHITE ALE • 柔軟 (氣泡酒) • KIRIN 小麥 (氣泡酒)	• Single Malt (RTD) 近畿圈 • 麥 100% 生搾 (氣泡酒)	• 品秋味 (氣泡酒) • 麥風〈BAKUFU〉(第三類啤酒) • SUPER BLUE (第三類啤酒)
2005 年			
• SUPER YEAST 刻刻生啤酒 • 酵母號碼 • 本生 GOLD(氣泡酒) • 麥香時間 (氣泡酒) • 新生 3(第三類啤酒) • 新生 (第三類啤酒)	• GOLDEN HOP • KIRIN REFRESHING (氣泡酒) • KIRIN 順口〈生〉(第三類啤酒)	• SLIM'S (第三類啤酒) 關東甲信越	• 華麗春生 (氣泡酒) • 純生阿蘇 (氣泡酒) • 焦香秋生 (氣泡酒) • Summer Shot (第三類啤酒) • 辛味〈生〉(第三類啤酒) • 麥之奢侈 (第三類啤酒)

ASAHI	KIRIN	SAPPORO	SUNTORY
2006 年			
• MILD AROMA • PRIME TIME • GUBINAMA (第三類啤酒) • 極旨 (氣泡酒) • 本生 CLEAR BLACK (氣泡酒) • 贅澤日和 (氣泡酒)	• 一番搾無濾過〈生〉 • 復刻 LAGER〈明治 ・ 大正〉 • KIRIN 圓熟 (氣泡酒)	• 能看到田園啤酒 • 琥珀 YEBISU(樽生) (氣泡酒)	• 清爽順口 (氣泡酒) • SUMMER SHOT〈生〉(氣泡酒) • JOKKI NAMA(第三類啤酒) • JOKKI〈黑〉(第三類啤酒) • 麥香 (第三類啤酒)
2007 年			
• 本生 DRAFT (氣泡酒) • STYLE FREE (氣泡酒) • 品味 (第三類啤酒)	• KIRIN THE GOLD • NIPPON PREMIUM • 一番搾 STOUT • 一番搾新摘 HOP 無濾過〈生〉 • 圓熟〈黑〉(氣泡酒) • 良質素材 (第三類啤酒) • Sparkling Hop (第三類啤酒)	• YEBISU〈THE HOP〉(氣泡酒) • YEBISU〈THE BLACK〉(氣泡酒) • 凄味 (氣泡酒) • 生搾研磨麥 (氣泡酒) • 美味生 (第三類啤酒) • W-DRY (第三類啤酒) • Draft one (第三類啤酒) • SPARKLING AROMA (第三類啤酒)	• THE PREMIUM MALT'S〈黑〉 • MD GOLDEN DRY (氣泡酒) • JOKKI 芳醇 (第三類啤酒) • JOKKI 淡旨 (第三類啤酒) • JOKKI 夏辛 (第三類啤酒) • JOKKI 濃辛旨 (第三類啤酒) • 金麥 (第三類啤酒)
2008 年			
• Ginger Draft (氣泡酒) • CLEAR ASAHI (第三類啤酒)	• THE PREMIUM 無濾過 (Rich Taste) • KIRIN ZERO (氣泡酒) • KIRIN Smooth (第三類啤酒) • STRONG SEVEN (第三類啤酒)	• BEER FINE • THE GOLDEN PILSENER • (CLASSIC 富良野 VINTAGE) • BIBALIFE(氣泡酒) • 麥與啤酒花 (第三類啤酒)	• ZERO NAMA (氣泡酒)

ASAHI	KIRIN	SAPPORO	SUNTORY
2009 年			
• THE Master • COOL DRAFT (氣泡酒) • OFF(第三類啤酒) • 麥搾 (第三類啤酒)	• 淡麗 W(氣泡酒) • Golden Moment 有層次的時間 (第三類啤酒) • 啤酒花的真實 (第三類啤酒) • KIRIN FREE (無酒精)	• 冷製 SAPPORO (第三類啤酒) • OFF 的時間 (第三類啤酒)	• THE STRAIGHT (第三類啤酒) • 豐富〈生〉 (第三類啤酒) • 琥珀的奢華 (第三類啤酒) • JOCKEY 生 8 CLEAR STRONG (第三類啤酒)
2010 年			
• STRONG OFF (第三類啤酒) • 放鬆釀造 (第三類啤酒) • W-ZERO(無酒精)	• KIRIN 本格〈辛口麥〉 (第三類啤酒) • 休息日的 lc.0,00% (無酒精)		
2011 年			
• 初號 ASAHI BEER • 一番麥 (氣泡酒) • BLUE LABEL (氣泡酒) • 冬季的贈禮 (氣泡酒)	• KIRIN ICE+BEER • 濃味〈糖質 0〉 (第三類啤酒)	• 金之 OFF (第三類啤酒) • PREMIUM ALCOHOL FREE(無酒精)	• 絲綢的奢華 (第三類啤酒) • RED ROMANCE (第三類啤酒)
2012 年			
• DRY BLACK • THE EXTRA • RED eye(氣泡酒) • DIRECT SHOT (第三類啤酒) • 秋霄 (第三類啤酒)	• 一番搾 Frozen〈生〉 • 一番搾 Frozen〈黑〉 • GRAND KIRIN (部分預售) • 來自麥的招待 (第三類啤酒)	• 麥與啤酒花〈黑〉 (第三類啤酒) • 北海道 PREMIUM (第三類啤酒) • PREMIUM ALCOHOL FREE BLACK (無酒精)	• 金麥 ・ 糖質 70%off (第三類啤酒) • STONES BAR (ROLLING HOP) (第三類啤酒)

ASAHI	KIRIN	SAPPORO	SUNTORY
2013 年			
• PANACHE (氣泡酒) • CLEAR ASAHI PRIME Rich (第三類啤酒) • 輕盈 (第三類啤酒)	• GRAND KIRIN • GRAND KIRIN THE AROMA • 濃味〈DELUXE〉(第三類啤酒) • 清澈 (第三類啤酒)	• YEBISU PREMIUM BLACK • 靜岡麥酒〈樽生〉 • 香味奢華 YEBISU (第三類啤酒) • 麥與啤酒花〈赤〉(第三類啤酒) • 極 ZERO(第三類啤酒之後變成氣泡酒)	• The Premium Malt's〈有層次的混合〉 • GOLD CLASS • GRAND RYE (第三類啤酒)
2014 年			
• DRY PREMIUM (一般販售) • SUPER ZERO (氣泡酒) • AQUA ZERO (第三類啤酒) • 深烘焙之秋 (第三類啤酒)	• GRAND KIRIN Bitter sweet • GRAND KIRIN BROWNIE • GRAND KIRIN MILD RICH • 淡麗 PLATINUM DOUBLE(氣泡酒) • Flaveer Lemon & Hop(氣泡酒) • 順口〈生〉ICE (第三類啤酒) • 冬季順口〈奢華有層次〉(第三類啤酒)	• 極 ZERO(從第三類啤酒變成氣泡酒) • 麥與啤酒花 The Gold(第三類啤酒) • WHITE BELG (第三類啤酒)	• 和膳 • 金之啤酒 • 美味 ZERO(氣泡酒) • 金麥 CLEAR LABEL (第三類啤酒)
2015 年			
• (SUPER DRY EXTRA SHARP) • (SUPER DRY DRY PREMIUM 新鮮有層次的 PREMIUM) • (SUPER DRY DRY PREMIUM 奢華香氣釀造) • (CRAFT MANSHIP DRY SAISON)	• 一番搾“在地系列” • 晴朗啤酒 • 順口 ALL LIGHT (第三類啤酒) • PERFECT FREE (無酒精) • (GRAND KIRIN GALAXY HOP)	• 歐洲四大選 • GREEN AROMA (第三類啤酒) • -0℃ (第三類啤酒) • SAPPORO+ (無酒精)	• The Malt's • The Premium Malt's〈香氣 Premium〉 • (The Premium Malt's〈秋〉香氣 Ale) • (The Premium Malt's tj “初摘啤酒花” NUEVO)

ASAHI	KIRIN	SAPPORO	SUNTORY
20015 年			
• (THE ROYAL LABEL) • (CRAFT MANSHIP MARZEN) • (SUPER DRY DRY PREMIUM 初釀造 PREMIUM) • (CRAFT MANSHIP Christmas Beer GOLD) • (CRAFT MANSHIP Christmas Beer EVE AMBER) • (SUPER DRY DRY PREMIUM 香味琥珀) • STYLE FREE〔零普林〕(氣泡酒) • CLEAR ASAHI 糖質 0(第三類啤酒) • (CLEAR ASAHI CRYSTAL CLEAR)(第三類啤酒) • (CLEAR ASAHI 秋之琥珀) (第三類啤酒) • (SMART OFF)(氣泡酒) • (CLEAR ASAHI 初摘香氣) (第三類啤酒) • (Cassis Beer Cocktail) (氣泡酒) • DRY ZERO FREE(無酒精)	• (GRAND KIRIN 十六夜月) • (GRAND KIRIN 梟之森) • (順口〈青空小麥〉) (第三類啤酒)		• (The Premium Malt's〈芳醇 Ale〉) • (The Premium Malt's〈香氣 Premium〉"初摘啤酒花" NUEVO) • The Premium Malt's〈Master's Dream〉 • RADLER(氣泡酒) • 冬之香氣 (第三類啤酒) • ALL FREE〈膠原蛋白〉(無酒精)
2016 年			
• The Dream • (SUPER DRY EXTRA HARD) • (VICTORY ROAD) (氣泡酒) • (STYLE FREE FRUIT BEER Cock Tail 奇異果)(氣泡酒)	• GRAND KIRIN DIP HOP WEIZEN BOCK • (GRAND KIRIN 夜間飛行) • (GRAND KIRIN 輕微香氣)	• YEBISU MEISTER • 麥芽與啤酒花 Platinum Clear (第三類啤酒)	• The Premium Malt's〈香氣 Ale〉 • (The Premium Malt's〈SUMMER SPECIAL〉2016) • (The Premium Malt's〈芳醇 BLEND〉)

ASAHI	KIRIN	SAPPORO	SUNTORY
2016 年			
• (STYLE FREE FRUIT BEER Cock Tail 綜合莓果)(氣泡酒) • STYLE FREE PERFECT (氣泡酒) • (CLEAR ASAHI 櫻之宴)(第三類啤酒) • (CLEAR ASAHI CRYSTAL CLEAR)(第三類啤酒) • (GOLD RUSH)(第三類啤酒) • (CLEAR ASAHI 關西釀造)(第三類啤酒) • (CLEAR ASAHI 吟釀)(第三類啤酒) • (CLEAR ASAHI 初摘的奢華)(第三類啤酒) • (CLEAR ASAHI 九州美味釀造)(第三類啤酒)	• (一番搾 小麥美味) • (晴天順口) • (47 都道府縣的一番搾) • (GRAND KIRIN 雨後太陽的 SAISON BEER) • (順口 SUMMER SPECIAL)(第三類啤酒)		• ALL FREE〈LIME SHOT〉(無酒精)
2017 年			
• (SUPER DRY 研磨麥芽釀造) • (SUPER DRY EXTRA HARD) • (SUPER DRY 瞬冷辛口) • (CLEAR ASAHI 夏之涼味)(第三類啤酒) • (CLEAR ASAHI 秋膳)(第三類啤酒) • (CLEAR ASAHI 新鮮奢華)(第三類啤酒) • CLEAR ASAHI 奢華 ZERO(第三類啤酒) • (CLEAR ASAHI 春宴)(第三類啤酒)	• GRAND KIRIN WHITE ALE • BROOKLYN LAGER • (一番搾 若葉香啤酒花) • 一番搾〈黑生〉 • GRAND KIRIN JPL(JAPAN PALE LAGER) • GRAND KIRIN IPL(INDIA PALE LAGER) • (GRAND KIRIN 飛機雲與我) • (GRAND KIRIN 梅雨的異國風情)	• CLASSIC 新鮮出貨 • (BEER SURPRISE 至福的層次感) • YEBISU HANAMIYABI • (新潟縣限定啤酒風味爽快) • (靜岡麥酒) • (富良野的香氣 舒暢 Ale) • CLASSIC 春之香氣 • (CLASSIC 夏之爽快) • (YEBISU#127)	• TOKYO CRAFT PALE ALE • TOKYO CRAFT (SAISON) • TOKYO CRAFT(I.P.A.) • TOKYO CRAFT (WEIZEN) • (Brewers Bar〈琥珀色的 LAGER〉)

ASAHI	KIRIN	SAPPORO	SUNTORY
20017 年			
• (CLEAR ASAHI 吟釀)(第三類啤酒) • (CLEAR ASAHI BLACK)(第三類啤酒)	• (一番搾 夏季新啤酒花) • (今天在家吃飯) • (淡麗 GREEN LABEL 微風檸檬啤酒)(氣泡酒) • (順口〈春之喝采〉)(第三類啤酒) • 順口 ZERO(第三類啤酒) • 順口 SPECIAL TIME(第三類啤酒) • (濃密順口氣泡)(第三類啤酒) • KIRIN 零 ICHI(無酒精)	• (NEXT STYLE)(氣泡酒) • RUBY BELG(氣泡酒)	• (CRAFTSMAN'S BEER 千都之夢 GOLDEN ALE) • (The Premium Malt's〈香氣〉Ale 豐釀) • The Malt's SUMMER DRAFT • (The Malt's WINTER DRAFT) • (Brewers Bar〈絲綢般小麥的 LAGER〉) • 金麥〈琥珀的悠閒〉(第三類啤酒) • 京之奢華 (第三類啤酒) • 京之奢華 冬季冰點貯藏 (第三類啤酒) • 頂 (第三類啤酒) • ALL FREE 香味高雅啤酒花 (無酒精)
2018 年			
• GRAN MILD • (ASAHI 生啤酒) • (ASAHI THE DOUBLE) • (TOKYO 隅田川 BREW PALE ALE) • (SUPER DRY 清澈辛口) • STYLE FREE〈生〉(氣泡酒) • (CLEAR CRAFT)(氣泡酒) • (ASAHI 職人釀造)(第三類啤酒)	• 一番搾 匠之冴 • (一番搾 超芳醇) • (GRAND KIRIN 飛機雲與我的檸檬篇) • (GRAND KIRIN 雨後太陽 Belgian White) • 順口 STRONG(第三類啤酒) • 本 KIRIN(第三類啤酒)	• (皓月之夜)(氣泡酒) • (黑標 EXTRA BREW) • (SAPPORO LAGER BEER〈罐裝〉) • YEBISU 香味 ROUGE • 麥的放鬆 (無酒精)	• (The Malt's 麥香 3.5%) • (The Premium Malt's Master's Dream〈山崎原酒樽熟成〉2018) • (The Premium Malt's DEEJP AROMA) • The Premium Malt's 秋〈香氣〉Ale • 海的那方 BEER RECIPE〈芳醇黑加侖的溫和啤酒〉

ASAHI	KIRIN	SAPPORO	SUNTORY
2018 年			
• (CLEAR ASAHI PRIME RICH 奢華 Rich)(第三類啤酒) • (CLEAR ASAHI CLEAR SEVEN)(第三類啤酒) • (CLEAR ASAHI 秋宴)(第三類啤酒) • (CLEAR ASAHI 東北恩惠)(第三類啤酒) • (CLEAR ASAHI 和撰吟釀)(第三類啤酒) • (CLEAR ASAHI 瀨戶內音信)(第三類啤酒) • (CLEAR ASAHI CLEAR RED)(第三類啤酒) • (DRY ZERO SPARK)(無酒精)			• 海的那方 BEER RECIPE〈柳橙香氣的清爽啤酒〉 • (海的那方 BEER RECIPE〈柑橘香氣的清爽啤酒〉) • TOKYO CRAFT〈BELGIAN WHITE STYLE〉 • TOKYO CRAFT〈BARLEY WINE〉 • (奢華 LAGER 琥珀清爽) • 京之秋 創造奢華(第三類啤酒) • 冬道樂 (第三類啤酒) • (金麥〈想要濃醇風味時〉)(第三類啤酒) • 頂〈極上 ZERO〉(第三類啤酒) • (冬道樂)(第三類啤酒) • (ALL FREE ALL TIME)(無酒精)
2019 年			
• ASAHI SUPER DRY THE COOL • (ASAHI 富士山) • (ASAHI 紅) • (ASAHI SUPER DRY ROYAL LIMITED) • (GOLD LABEL) • (THE DOUBLE FINE BLEND) • ASAHI 極上〈清爽〉(第三類啤酒) • (ASAHI Clear 夏日和)(第三類啤酒) • (ASAHI Clear 北海道的恩惠)(第三類啤酒)	• (BROOKLYN SORACHI ACE) • (GRAND KIRIN SESSION IPA) • (KIRIN THE HOP 香氣的餘韻) • (一番搾 清澈) • (BROOKLYN SUMMER ALE) • 身體 FREE(無酒精)	• (CLASSIC 春之香氣) • (復刻特製 YEBISU) • (Sapporo 銀座 LION LION Ale) • Innovative Brewer SORACHI1984 • Innovative Brewer BEERCELLO • (BEER SURPRISE 幸福的香氣)	• The Premium Malt's 第一階段釀造 • The Premium Malt's〈香氣〉Ale 第一階段釀造 • (SUNTORY Ice Craft〈生〉) • (The Malt's HOP PARADISE) • (讓人戒不掉的華麗香氣〈生〉啤酒) • (TOKYO CRAFT〈Kolsch 類型〉) • MAGNUM DRY〈本辛口〉(第三類啤酒) • 金麥 (GOLD LAGER)(第三類啤酒)

ASAHI	KIRIN	SAPPORO	SUNTORY
20019 年			
• (CRAFT STYLE IPA TYPE)(第三類啤酒) • (CRAFT STYLE Amber Lager)(第三類啤酒) • DRY ZERO SPARK (無酒精)		• (Sapporo 生啤酒黑標 EXTRA BREW) • (富良野的香氣 ~ 舒暢 Ale~) • 麥芽與啤酒花本熟 (第三類啤酒) • (麥芽與啤酒花清爽香氣) (第三類啤酒) • (麥芽與啤酒花 創造夏天) (第三類啤酒) • (北海道的款待) (第三類啤酒) • 麥芽與啤酒花〈紅〉(第三類啤酒) • MEGA LAGER (第三類啤酒)	• (金麥〈香氣的餘韻〉)(第三類啤酒) • (冬季限定第三類啤酒「冬季交響曲 (SYMPHONY)」) (第三類啤酒) • 替身體著想 ALL FREE(無酒精)
2020 年			
• (ASAHI THE GOLD) • ASAHI THE RICH (第三類啤酒) • (ASAHI Clear 冬之美味)(第三類啤酒)	• 一番搾 零糖質 • (KIRIN 順口〈超爽快〉) (第三類啤酒) • GREEN'S FREE (無酒精)	• BEER SURPRISE 幸福的餘韻 • (SAKURA BEER 2020) • (BEER SURPRISE 幸福的苦味) • (麥芽與啤酒花 東北的香氣) (第三類啤酒)	• TOKYO CRAFT(Golden Ale) • TOKYO CRAFT〈I.P.A 冬季限定〉 • (Za Puremiamu Morutsu Master's Dream〈山崎原酒樽熟成〉2020) • Za Puremiamu Morutsu DIAMOND 的恩惠 • Za Puremiamu Morutsu〈PLATINUM〉 • The Premium Malt's 初摘啤酒花 • The Premium Malt's〈香氣〉Ale • Ale　初摘 HOP

ASAHI	KIRIN	SAPPORO	SUNTORY
2020 年			
			• SUNTORY BLUE (第三類啤酒) • 金麥〈清香〉(第三類啤酒) • 金麥〈琥珀之秋〉(第三類啤酒) • 金麥〈深焙厚醇〉(第三類啤酒)
2021 年			
• 花鳥風月 • (SUPER DRY 生啤酒杯罐) • (Clear Asahi 冬雅)(第三類啤酒)	• SPRING VALLEY 豐潤〈496〉	• (YEBISU PREMIUM WHITE) • (HOPPIN' GARAGE NIGHT RALLY)(氣泡酒) • (HOPPIN' GARAGE 里斯本的坡道)(氣泡酒)	• The Premium Malt's Diamond 麥芽〈初釀〉 • The Premium Malt's〈香氣〉 • Ale　鑽石麥芽〈初釀〉 • PERFECT SUNTORY BEER • 東京 Craft〈辛辣 Ale〉 • 東京 Craft〈香氣 I.P.A.〉 • 東京 Craft〈果香 Ale〉 • (The Premium Malt's Master's Dream〈山崎原酒樽熟成〉2021) • The Premium Malt's〈香氣〉Ale 秋季的芳醇 • The Premium Malt's〈香氣〉Ale 來自藍寶石啤酒花的恩惠 • The Premium Malt's 來自鑽石啤酒花的恩惠 • 金麥 (Za Lagar)(第三類啤酒)

ASAHI	KIRIN	SAPPORO	SUNTORY
20022 年			
• (White Beer) • (Your Beer) • (YURU YURU ALE) • (CLEAR ASAHI 冬日和) (第三類啤酒)	• SPRING VALLEY SILK ALE〈白〉 • (本 KIRIN 香氣之舞) (第三類啤酒)	• (Sapporo Beer Garden Summer Pils) • (BEER SURPRISE 至福的清爽) • (SEVEN PREMIUM 來自上富良野大角先生的啤酒花田) • (黑標 Extra Draft) • (YEBISU Premium Merzen) • (YEBISU Hop Terroir) • (SORACHI 1984 DOUBLE) • (BEER SURPRISE 至福的醇厚) • HOPPIN' GARAGE 東加 (氣泡酒) • (HOPPIN' GARAGE CREAM CHEESE AND BEER)(氣泡酒) • (HOPPIN' GARAGE Thanks&Cheers!)(氣泡酒) • (麥與啤酒花 華麗的香氣)(第三類啤酒)	• The Premium Malt's Master's Dream〈無過濾〉 • Za Puremiamu Morutsu〈Grand Aroma〉 • The Premium Malt's〈White Ale〉 • The Premium Malt's〈Amber Ale〉 • Beer Ball • 東京 Craft〈清爽 I.P.A.〉 • (World Craft〈無過濾〉White Beer) • SUNTORYCraft 香醇〈Ale 類型〉 (第三類啤酒) • SUNTORYCraft 鮮明苦味〈I.P.A. 類型〉 (第三類啤酒)

ASAHI	KIRIN	SAPPORO	SUNTORY
2023 年			
• (The Beerist)	• (SPRING VALLEY SUMMER CRAFT ALE〈香〉)	• (NIPPON HOP 開始的 HOP 信州早生) • (SAKURA-BEER) • (YEBISU NEW ORIGIN) • (YEBISU SUMMER ALE) • (NOPPIN' GARAGE 大人的巧克力薄荷) (氣泡酒) • (HOPPIN' GARAGE ARIMASUTONBEER) (氣泡酒) • (HOPPIN'GARAGE HOPPIN FRIENDS copywriter 石井 TSUYOSHI) (氣泡酒)	• SUNTORY 生啤酒 • The Premium Malt's〈Japanese Ale〉有香味的 Ale • The Premium Malt's〈Japanese Ale〉White Ale • The Premium Malt's〈Japanese Ale〉Seaside Ale • (The Premium Malt's Master's Dream〈白州原酒樽熟成〉2023)

參考文獻

- 朝日啤酒社史資料室編《Asahi 100》朝日啤酒株式會社，一九九〇年。
- 朝日啤酒株式會社一二〇年史編撰委員會編《朝日啤酒的一二〇年——分享那份感動》朝日啤酒株式會社，二〇一〇年。
- 泉秀一《世襲與經營——三得利 佐治信忠的信念》文藝春秋，二〇二二年。
- 猪口修道《UNLEARN 革命——麒麟啤酒的明天》DIAMOND 社，一九九二年。
- 開高健、山口瞳《做就對了，責任我來扛》新潮文庫，二〇〇三年。
- 麒麟啤酒編《麒麟啤酒的歷史（新戰後編）》麒麟啤酒，一九九九年。
- 麒麟啤酒公關部門編《KIRIN FACTBOOK2002》麒麟啤酒，二〇〇二年。
- 小玉武《「洋酒天國」及那個時代》筑摩書房，二〇〇七年。
- 三得利編《每天都是嶄新的一天——三得利百年史》三得利株式會社，一九九九年。
- 杉森久英《美酒一代——鳥井信治郎傳》新潮文庫，二〇一四年。
- 鈴木成宗《發酵男兒！——用野生酵母釀造出世界第一啤酒》新潮社，二〇一九年。

- 永井隆《啤酒的十五年戰爭——都是從 DRY 開始的》日經商業人文庫，二〇〇二年。
- 永井隆《啤酒最終戰爭》日經商業人文庫，二〇〇六年。
- 永井隆《三得利對麒麟》日經商業人文庫，二〇一七年。
- 永井隆《朝日啤酒第三〇年的反擊》日本經濟新聞出版社，二〇一七年。
- 永井隆《釀製最美味的精釀啤酒——麒麟啤酒「特立獨行者」的挑戰》新潮社，二〇一六年。
- 永井隆《創造麒麟的男人——行銷天才前田仁的一生》PRESIDENT 社，二〇二二年。
- 中谷和夫《先來杯啤酒吧！果然還是要啤酒》日文新書，二〇〇三年。
- 端田晶《嗯，好喝——日本啤酒趣事及故事》小學館，二〇一四年。
- 端田晶《啤酒世界史花絮》Jorudan Books，二〇一三年。
- 端田晶《啤酒今昔雜談》Jorudan Books，二〇一八年。
- 端田晶《不服輸——小說、東洋啤酒王》幻冬舍，二〇二〇年。
- 廣澤昌《新奇的事，有趣的事——三得利佐治敬三傳》文藝春秋，二〇〇六年。
- 松尾秀助《夢到琥珀色的夢——竹鶴政孝與 NIKKA 威士忌物語》PHP INTERFACE 集團，二〇〇四年。

- 渡淳二編著，札幌啤酒價值創造FRONTIER研究所編《彩色版啤酒的科學——麥芽與啤酒花產生的美味祕密》講談社BLUEBACKS，二〇一八年。
- 松澤幸一「歷史與先人」《文藝春秋》（二〇一一年十一月特別號）
- 朝日控股公司、麒麟控股公司、札幌控股公司、三得利控股公司的新聞稿

酒局下半，誰終將勝出？

帶你深入了解麒麟、朝日、札幌、三得利四大天王的啤酒爭霸戰國時代

作　　者　永井隆
譯　　者　張秀慧
發 行 人　林敬彬
主　　編　楊安瑜
編　　輯　高雅婷
內頁編排　方皓承
封面設計　走路花工作室
行銷經理　林子揚
編輯協力　陳于雯、高家宏
出　　版　大都會文化事業有限公司
發　　行　大都會文化事業有限公司
11051台北市信義區基隆路一段432號4樓之9
讀者服務專線：(02)27235216
讀者服務傳真：(02)27235220
電子郵件信箱：metro@ms21.hinet.net
網　　址：www.metrobook.com.tw
郵政劃撥　14050529 大都會文化事業有限公司
出版日期　2024年07月 初版一刷
定　　價　380元
ISBN　978-626-98196-5-2
書　　號　Success-100

國家圖書館出版品預行編目（CIP）資料

酒局下半，誰終將勝出？：帶你深入了解麒麟、朝日、札幌、三得利四大天王的啤酒爭霸戰國時代 / 永井隆 著；張秀慧 譯
-- 初版. -- 臺北市：大都會文化出版：大都會文化發行, 2024.07, 256面；14.8*21 公分
譯自：日本のビールは世界一うまい！——酒場で語れる麦酒の話
ISBN 978-626-98196-5-2 (平裝)
1.日本啤酒 2.酒業 3.日本
463.821　　113001870